W0290827

Hesse/Schrader

Bewerbungs-
unterlagen
erstellen

Musterbewerbungen zum Bearbeiten
Download

25 Erfolgsbeispiele

STARK

Die Autoren

Jürgen Hesse, geschäftsführender
Diplom-Psychologe im Büro für Berufsstrategie,
Berlin.

Hans Christian Schrader,
Diplom-Psychologe in Baden-Württemberg.

Anschrift der Autoren

Hesse / Schrader
Büro für Berufsstrategie
Oranienburger Straße 4 – 5
10178 Berlin
Tel. 030 28 88 57-0
Fax 030 28 88 57-36
www.hesseschrader.com

Zusätzlich zu diesem Buch erhalten Sie folgenden **Online Content**, den Sie nutzen können, um Ihre eigenen Bewerbungsunterlagen schneller und einfacher zu erstellen:

Alle Bewerbungsbeispiele aus diesem Buch zum Herunterladen und Bearbeiten (RTF-Format)

Um den Online Content nutzen zu können, folgen Sie den Anweisungen auf der Seite **www.berufundkarriere.de/onlinecontent**

Verlag und Autoren bedanken sich bei den auf den Bewerbungsfotos abgebildeten Personen und bei den Fotografinnen Katy Otto und Regine Peter.

Umschlagbild: © shuoshu – Getty Images
Seiten 13, 17, 28, 42, 48, 57, 85, 100, 107, 121, 123, 126, 128, 135 und 141: © Regine Peter
Seiten 24, 26, 38, 54, 62, 67, 73, 79, 81, 83 und 93: © Katy Otto
Seite 35: © mars – Fotolia.com
Seite 61, 63, 64: © Fenton – Fotolia.com

ISBN 978-3-8490-2607-3

Inhalt

15 Lektionen

Zum Einstieg

Wir laden Sie herzlich ein, sich von diesem Lese- oder besser »Schau«-Buch anregen und ermutigen zu lassen, eigene kreative Gestaltungsmöglichkeiten bei der Erstellung Ihrer Bewerbung umzusetzen. Im Buch präsentieren wir Ihnen 26 Beispiele für überzeugende Bewerbungsunterlagen. Diese Beispiele stellen wir Ihnen zusätzlich als Dateien, die Sie in Ihr Textverarbeitungsprogramm übernehmen und bearbeiten können (siehe Online Content, Seite 10), zur Verfügung.

Ob Sie Ihre Bewerbung in digitaler Form versenden oder ausdrucken und in eine klassische Bewerbungsmappe zur persönlichen Übergabe oder für den Postversand packen, bleibt Ihnen überlassen bzw. hängt von den Wünschen des Arbeitgebers ab. Fast alle Beispiele in diesem Buch sind für beide Optionen geeignet.

Eins jedenfalls ist absolut richtig und wichtig: Ohne sorgfältigst gestaltete Bewerbungsunterlagen haben Sie keine Chance, Ihren Wunscharbeitsplatz zu erhalten – auch in E-Mail- und Online-Bewerbungsverfahren wird der Moment kommen, in dem man Sie auffordert, Ihren beruflichen Werdegang schriftlich vorzulegen.

Ihre Bewerbungsunterlagen entscheiden wesentlich darüber, ob auf der Unternehmensseite, beim Anbieter des Arbeitsplatzes, weitergehendes Interesse an Ihrer Bewerbung und damit an Ihrer Person entsteht. Wenn ja, erhalten Sie eine Einladung zum Vorstellungsgespräch. Es lohnt sich also, sich ein bisschen mehr einfallen zu lassen.

Auf den folgenden Seiten sehen Sie komplette, erfolgreiche Unterlagen – natürlich ohne die typischen Arbeits- und Ausbildungszeugnisse. Wir zeigen Ihnen Bewerbungen, die in unserem Berliner *Büro für Berufsstrategie* entstanden sind. Die auf den Fotos abgebildeten Personen sind nicht mit den Bewerbern* identisch. Auch wurden alle Namen, Daten und anderen Fakten so verändert, dass Ähnlichkeiten mit real existierenden Personen nur noch rein zufällig wären. In den Beispielen stecken viele kreative Ideen, die Sie auch für Ihre Bewerbung nutzen können. Nach jeder Unterlagenpräsentation finden Sie unseren ausführlichen Kommentar, der sich mit den Pluspunkten, gelegentlich aber auch noch verbesserungswürdigen Details auseinandersetzt. Bekanntlich gibt es ja nichts, was sich nicht noch verbessern ließe …

Und jetzt wünschen wir Ihnen für Ihr Vorhaben gutes Gelingen!

* Die verwendete Sprachform dient der besseren Lesbarkeit und schließt immer auch das jeweils andere Geschlecht mit ein.

Basics: Bewerbungsunterlagen erstellen

Eine wirklich überzeugende Bewerbung zu erstellen kostet Zeit und Energie. Bevor Sie loslegen, sollten Sie überlegen, welche Botschaften Sie in Ihrer Bewerbung herausstellen wollen und worin Ihre besonderen Qualitäten und Ihr Mitarbeitsangebot liegen.

In komprimierter Form möchten wir Ihnen jetzt zeigen, wie eine schriftliche Bewerbung aufgebaut ist. Ihre vollständigen Unterlagen bestehen aus:

- Anschreiben
- Lebenslauf
- Foto
- Zeugnissen (Schul-, Ausbildungs-, Studien-, Arbeitszeugnisse)
- Bescheinigungen und Zertifikaten (z. B. Qualifikationen, Weiterbildungen)
- Arbeitsproben, Referenzen o. Ä.

Der Lebenslauf

Der Lebenslauf stellt Ihren beruflichen Werdegang dar. Er ist das Kernstück Ihrer Bewerbung und zeigt die wichtigsten Informationen und Argumente, die für Sie sprechen und Ihnen zu einer Einladung zum Vorstellungsgespräch verhelfen. Machen Sie (sich und dem Empfänger Ihrer Unterlagen) deutlich, dass Sie aufgrund Ihrer fachlichen Kompetenz, Ihrer Leistungsfähigkeit sowie -bereitschaft und Ihrer Persönlichkeit für den angebotenen Arbeitsplatz die ideale Besetzung sind.

Folgende Informationen gehören in den Lebenslauf:

- Persönliche Daten: Vor- und Zuname, Geburtsdatum und -ort, Familienstand (nicht zwingend, aber üblich; »verheiratet« oder »unverheiratet« reicht aus), Staatsangehörigkeit (wenn Sie nicht deutscher Nationalität sind oder Ihr Name dies vermuten lässt), bei Auszubildenden evtl. Angaben zum Beruf des Vaters, der Mutter und Anzahl der Geschwister
- Schulbildung (besuchte Schulen, Schulabschluss)
- ggf. Hochschulstudium (Fächer, Hochschule, Abschlüsse, Thema der Abschlussarbeit)
- Berufsausbildung (Art der Berufsausbildung, Ausbildungsfirma bzw. -institution mit Ortsangabe)
- Berufstätigkeit (Position, Art der Tätigkeit, Hauptaufgaben / Verantwortungsbereiche, Arbeitgeber mit Ortsangabe)
- berufliche Weiterbildung (alles, was mit Ihrer Berufspraxis in Zusammenhang steht)
- außerberufliche Weiterbildung (Fremdsprachen, PC-Programme, Ihren Kochkurs in panasiatischer Küche sollten Sie besser nicht erwähnen)
- Sonderinformationen (z. B. Auslandsaufenthalte)
- besondere Kenntnisse (z. B. Fremdsprachen, IT-Kenntnisse etc.)
- Hobbys und Interessen (ehrenamtliches, soziales Engagement, Sport etc.)
- Ort, Datum, Unterschrift

Gliederung

Sie können Ihren Lebenslauf auf unterschiedliche Weise gliedern. Die übliche Form ist die chronologische Variante, d. h., Sie schreiben die Eckdaten der zeitlichen Reihenfolge nach auf. Dabei ist es für den Leser übersichtlicher, wenn Sie mit der heutigen Position beginnen und auf der Zeitachse zurückgehen (umgekehrt chronologischer Aufbau). Diese Form hat sich zumindest bei Bewerbern, die bereits über Berufserfahrung verfügen, etabliert.

Eine zweite Variante, der funktionale Lebenslauf, arbeitet mit Oberbegriffen. Sie gliedern Ihre Karriere nach Themenschwerpunkten, beispielsweise: Schulbildung, Studium / Ausbildung, Berufstätigkeit, Auslandsaufenthalte, besondere Kenntnisse usw. Diese Form bietet sich besonders an, wenn Sie keinen »ganz geraden« Lebenslauf vorweisen können. So kaschieren Sie Lücken im Lebenslauf geschickter.

Zwei abschließende Hinweise: Häufig wird die Bedeutung von Hobbys und Interessen (ehrenamtliches, soziales Engagement, Sport etc.) im Lebenslauf unterschätzt. Vergessen Sie nicht, den Lebenslauf zu unterschreiben: Ort, Datum, Unterschrift (immer voll ausgeschrieben mit Vor- und Zunamen).

Ihr Foto

Die Wirkungskraft von Fotos ist größer als die jedes noch so guten Textes. Das gilt auch für Ihre Bewerbung. Ein Personalentscheider wird sich beim Betrachten Ihres Fotos in Sekundenschnelle ein Urteil bilden: sympathisch oder unsympathisch, vertrauenswürdig, offen oder verschlossen? Unsere Empfehlung: Investieren Sie in einen professionellen Fotografen, lassen Sie eine Serie aussagekräftiger Fotos von sich machen und wählen Sie dann die besten aus.

Deckblatt und Dritte Seite

Ein Deckblatt, welches Ihren Unterlagen vorangestellt ist, wirkt strukturierend und kann Ihre Bewerbung aufwerten. Die Gestaltungsmöglichkeiten sind dabei vielfältig. Sie werden verschiedene Varianten in diesem Buch sehen. Hier können Sie bereits Ihr Foto oder Ihre ersten Daten (Name, Beruf oder ein Kurzprofil) präsentieren.

Die Dritte Seite – ein Extra zur Selbstpräsentation: Mit einer Dritten Seite, die hinter dem Anschreiben und dem Lebenslauf platziert ist, heben Sie sich von der Masse der Bewerber ab (positiv aber nur, wenn sie gut getextet ist!). Hier transportieren Sie in wenigen Sätzen die entscheidenden Argumente, warum Sie als Bewerber in die engere Auswahl gehören. An dieser Stelle können Sie persönlicher formulieren. Mögliche Titel für Ihre Dritte Seite wären »Was Sie sonst noch von mir wissen sollten …« oder schlicht »Meine Motivation«.

Deckblatt, Dritte Seite sowie auch ein Anlagenverzeichnis (siehe z. B. Seite 70) sind aber kein Muss! Insbesondere eine Dritte Seite kann, wenn sie nicht gut formuliert ist, mehr schaden als nützen!

Das Anschreiben – Ihr persönlicher Empfehlungsbrief

»Hiermit bewerbe ich mich …«. Viele Bewerbungen beginnen immer noch mit diesem langweiligen Satz nach der Anrede. Texten Sie kreativer und heben Sie sich im positiven Sinne von der Konkurrenz ab. Nur so erregen Sie die Aufmerksamkeit des Personalers. Vergessen Sie dabei nicht: In der Kürze liegt die Würze.

Gliederung

Empfänger: Sprechen Sie den Empfänger des Anschreibens möglichst persönlich mit Namen an, nicht mit »Sehr geehrte Damen und Herren«. Fragen Sie ggf. telefonisch nach, wer der richtige Ansprechpartner ist.

Einleitung: Hier stellen Sie dar, warum Sie an der Position interessiert sind. Bauen Sie dafür einen direkten Bezug zum Unternehmen und zur Position auf. Einige Formulierungsbeispiele:

- »Sie sind ein Unternehmen, das …, und ich habe … zu bieten.«
- »Durch … bin ich auf Ihre Anzeige für die Stelle als XYZ aufmerksam geworden.«
- »Für das freundliche und aufschlussreiche Telefonat möchte ich mich sehr herzlich bei Ihnen bedanken. Es hat mich darin bestärkt, mich für die ausgeschriebene Stelle als … zu bewerben.«
- »Beim Recherchieren auf Ihrer Homepage bin ich auf Ihre Personalsuche aufmerksam geworden und interessiere mich für eine Mitarbeit als … bei Ihnen.«

Hauptteil / Personenbeschreibung: Nach der Eröffnung geht es darum, knapp und überzeugend zu argumentieren, warum Sie der bzw. die Richtige für die zu besetzende Stelle sind. Auf welche Kenntnisse, Fähigkeiten oder Eigenschaften, die z. B. im Anzeigentext gefordert werden, können Sie verweisen? Was ist Ihr beruflicher Hintergrund? Und wie können Sie Ihre Motivation glaubwürdig zum Ausdruck bringen? Finden Sie eine plausible Antwort auf die Fragen: Warum wollen Sie gerade in besagtem Unternehmen arbeiten? Und warum sollte der Personaler speziell Sie einstellen? Hier einige Beispiele für die Formulierung des Einstiegs Ihrer Personenbeschreibung:

- »Kurz zu meiner Person …«
- »Als gerade fertig ausgebildete Reiseverkehrskauffrau (Abschlussnote 2,3) möchte ich mit viel Engagement und Elan zum Erfolg Ihrer Firma beitragen …«

- » In den letzten Jahren konnte ich als … vor allem in den Bereichen … meine Fähigkeiten … unter Beweis stellen. «

Abschluss: Nach Ihrer Selbstdarstellung folgt der Schlusssatz, ggf. in Kombination mit der Angabe Ihrer Gehaltsvorstellung und / oder dem Verweis auf ein mögliches Vorstellungsgespräch. Etwa kurz und bündig in dieser Form:

- » Da ich bereits über umfangreiche Erfahrungen in der von Ihnen ausgeschriebenen Position verfüge, möchte ich gern zwischen 42 000 und 48 000 Euro verdienen. «
- » Über die Einladung zu einem persönlichen Gespräch freue ich mich. «
- » Für alle weiteren Fragen stehe ich Ihnen gerne in einem persönlichen Gespräch zur Verfügung. «

Wird in der Stellenanzeige die Angabe Ihres Gehaltswunsches verlangt, sollten Sie diesen auch benennen. Sonst könnte Ihre Bewerbung aussortiert werden. Geben Sie immer Ihr Jahreswunschgehalt (brutto) an, und zwar als Spanne wie z. B. » 30 000 bis 36 000 Euro «. Und: Vergessen Sie nicht die Unterschrift unter dem Anschreiben!

Zeugnisse und weitere Anlagen

Für eine Bewerbung nach deutschen Standards benötigen Sie: Ausbildungszeugnisse und Zertifikate, aber auch Arbeitszeugnisse und Referenzen, falls Sie jemanden kennen, der Sie und Ihre Leistungen so wertschätzt, dass er Ihnen ein Empfehlungsschreiben anbietet. Generell gilt: Achten Sie darauf, dass Sie Ihre Bewerbung nicht mit Anlagen überfrachten, wählen Sie nur die wichtigsten aus, die zu Ihrer Bewerbung passen. Sortieren Sie diese nach Aktualität und Aussagekraft. Wenn Sie sich um einen Ausbildungsplatz bewerben oder Berufseinsteiger sind, hat Ihr Schul- bzw. Hochschulzeugnis Priorität und sollte an erster Stelle stehen. Sind Sie Jobwechsler, ist das Zeugnis Ihres aktuellen oder vorherigen Arbeitgebers das wichtigste.

Bei Zeugnissen nur gute, neue Fotokopien (keine Originale!) verwenden, die nicht bereits für andere Bewerbungen benutzt wurden. Achten Sie auch bei digitalen Unterlagen darauf, dass eingescannte Seiten ordentlich aussehen. Zeugnisse werden in der Regel nicht beglaubigt – es sei denn, Ihr potenzieller Arbeitgeber bittet Sie ausdrücklich darum.

Formale Bewerbungsstandards

- Format: besser Flattersatz als Blocksatz, da er lebendiger wirkt. Und beachten Sie die Zeilenführung. Sie sollte immer den Inhalt unterstützen. Es ist nicht belanglos, wo der Zeilenumbruch erfolgt.
- Gliederung: übersichtlich, klar, mit angemessenen Rändern (ca. 4 cm links, ca. 3 cm rechts).
- Unterschrift: Unterschreiben Sie mit Füllfederhalter oder Tintenschreiber – am besten in Königsblau (Lebenslauf und Anschreiben) und scannen Sie für digitale Bewerbungsunterlagen diese Unterschrift zum Einfügen in Ihre Bewerbung ein.
- Rechtschreibung, Grammatik und Zeichensetzung müssen korrekt sein.
- Das Anschreiben liegt lose obenauf, die restlichen Unterlagen kommen in eine adäquate Bewerbungsmappe. Bei E-Mail-Bewerbungen steht das Anschreiben entweder direkt in der Mailmaske oder eröffnet als erste Seite des Anhangs die Bewerbungsunterlagen.

Wenn Sie Ihre Bewerbungsunterlagen nicht digital versenden, sondern eine klassische Bewerbungsmappe verschicken / abgeben, gilt Folgendes als üblich:

- Papierfarbe: weiß für Anschreiben und Lebenslauf. Bei der Dritten Seite, dem Deckblatt, Inhaltsverzeichnis und Anlagenverzeichnis können Sie auch dezent getöntes Papier verwenden (z. B. grau, beige).
- Papierformat: DIN-A4, unliniert.
- Papierstärke: für Anschreiben, Lebenslauf, Dritte Seite, Deckblatt, Inhaltsverzeichnis, Anlagenverzeichnis mindestens 80 g / m^2, besser 100 g / m^2. Für Kopien (z. B. Zeugnisse) mindestens 70 g / m^2, besser 80 g / m^2.
- Ausdruck: mit gutem (Laser- bzw. Tintenstrahl-) Drucker, bei jedem Blatt nur die Vorderseite bedrucken; nicht durchstreichen o. Ä., sondern korrigierte Seiten immer neu ausdrucken!

Aufmerksamkeitssteigerer gezielt einsetzen

Ob durch Farbe(n) oder unterschiedliche Schrifttypen, größere Schrift, **Fettungen**, *Kursivdruck* und / oder <u>Unterstreichungen</u>: Es gibt verschiedene » Instrumente «, die helfen, die Aufmerksamkeit des Empfängers Ihrer Unterlagen zu steigern, seine Neugier zu wecken, mit dem Effekt, dass Sie als Absender sich von der Masse der eingehenden Bewerbungen optisch positiv unterscheiden. Wir zeigen Ihnen in diesem Buch insbesondere bei den Anschreiben eine Bandbreite der Möglichkeiten. Beim Lebenslauf ist es häufig eine » Schmuckfarbe «, die verwendet wird, um einen positiven Blickfangeffekt zu kreieren. Aber bitte nicht übertreiben!

Onlineformular und E-Mail-Bewerbung

Bei der Recherche nach offenen Stellen und möglichen Arbeitgebern (siehe Seite 9) sowie der Kontaktaufnahme bietet das Internet vielfältige Möglichkeiten. Sie finden dort weitere Details über Unternehmen, bei denen Sie sich bewerben wollen, die Sie für die Erstellung Ihrer Bewerbungsunterlagen und für die Vorbereitung auf das Vorstellungsgespräch benötigen.

Das Onlineformular

Viele Unternehmen bieten auf ihren Internetseiten die Möglichkeit, sich über firmeneigene Formulare online zu bewerben. Neben Rubriken, in denen die Lebensdaten abgefragt werden, gibt es meist auch Textfelder, die Platz für eigene Formulierungen einräumen. In der Regel fordert man Sie aber auch noch auf, Ihren schriftlichen Lebenslauf anzufügen oder später nachzusenden.

Häufig werden in diesen Bewerbungsformularen Fragen wie » Warum bewerben Sie sich bei uns? « oder » Warum diese Ausbildung? « gestellt. Hier sind Kreativität und Formulierungsgeschick gefragt. Bevor Sie solche Textfelder ausfüllen, überlegen Sie sich gut, was Sie schreiben. Am besten formulieren Sie zunächst einen Text in einer separaten Datei, den Sie anschließend, nachdem Sie ihn noch einmal genau (auch auf Rechtschreibfehler hin) geprüft haben, in die Felder des Formulars kopieren. Wichtig: Bleiben Sie stets kurz und prägnant. Wer zu viel schreibt, fällt unangenehm auf.

E-Mail-Bewerbung

Immer wieder klagen Personalabteilungen über die Flut unzulänglicher Bewerbungen in ihrem E-Mail-Postfach. Grund ist vor allem, dass Bewerber ihre E-Mails wahllos an verschiedene Empfänger versenden, sich nicht auf spezielle Inserate berufen und jegliche Formalität außer Acht lassen. Erfolgreich ist Ihre E-Mail-Bewerbung nur dann, wenn Sie einige Grundregeln beherzigen.

- Verlangt das Stellenangebot nicht ausdrücklich die vollständigen Unterlagen, sind E-Mail-Bewerbungen Kurzbewerbungen. Ein ansprechendes Anschreiben und ein gut getexteter Lebenslauf reichen als Erstkontakt aus. Konzentrieren Sie sich auf das Wesentliche und bieten Sie an, die entsprechenden Unterlagen nachzureichen.
- Sprechen Sie den Verantwortlichen namentlich direkt an. Wenn Sie Ihren Ansprechpartner nicht kennen, recherchieren Sie diesen telefonisch. Formulieren Sie stets individuell für eine bestimmte Firma. Serienmails sind als Bewerbung ungeeignet. Beziehen Sie sich auf das entsprechende Stellenangebot. Wenn es sich um eine Initiativbewerbung handelt, beachten Sie unsere Hinweise auf Seite 90.
- Auch online gelten die üblichen Höflichkeitsformen.
- Das Anschreiben wird entweder in der E-Mail-Maske selbst formuliert oder dort steht nur ein ganz kurzer Ankündigungstext, während das Anschreiben an sich die erste Seite des Anhangs ist.
- Nutzen Sie in der Mail-Maske klassische Formatierungen (schwarz auf weiß, normaler Zeilenabstand). Arbeiten Sie nicht mit Elementen wie grellen Farben oder bunten Hintergründen. Auch auf Fett- oder Kursivschrift sollten Sie sich nicht verlassen. Oft ist das E-Mail-Programm des Empfängers so konfiguriert, dass es Ihre Nachrichten nicht in dem Format lesen kann, in dem Sie es gesendet haben. Empfehlung: Verwenden Sie nur die einfachsten Standards und keine Spielereien.
- Datei-Format: Versenden Sie Ihre Bewerbung im PDF-Format (PDF = Portable Document Format – ein Dateiformat, das alle Schriften, Formatierungen, Farben und Grafiken Ihres Dokumentes erhält und nicht veränderbar ist).

Wichtig: Testen Sie, wie Ihre E-Mail ankommt. Richten Sie sich z. B. eine zweite E-Mail-Adresse ein und schicken Sie vorab eine Testbewerbung an sich selbst. Verwenden Sie für Ihre E-Mail-Bewerbungen eine seriöse E-Mail-Adresse; blondangel@hotmail.com verrät zwar Ihre Haarfarbe, wirkt aber auf den Personalentscheider unseriös.

Und seien Sie versichert: Nichts geht über von Ihnen persönlich erstellte, exzellente und überzeugende Bewerbungsunterlagen. Auch in digitaler Form müssen diese sehr sorgfältig angefertigt werden.

Jobsuche und Initiativbewerbung übers Internet

Das Internet bietet bezogen auf die Arbeitswelt eine Vielzahl an Möglichkeiten, neue Arbeitsaufgaben, Auftraggeber (Unternehmen, Institutionen etc.) und die passende Umgebung inklusive aller Bedingungen zu recherchieren und zu finden. Egal ob mithilfe von allgemeinen Jobportalen, Internetseiten mit branchenspezifischer Ausrichtung, Unternehmensseiten oder aber auch über die sozialen Medien – die Grenzen zwischen »ich suche aktiv potenzielle Auftraggeber / Arbeitgeber« und »ich lasse mich ganz bewusst von potenziellen Auftraggebern finden« verschwimmen. Die Unterschiede zwischen »ich reagiere auf ein Angebot« und »ich biete mich und meine Dienste aktiv an« werden kleiner. Damit Sie sich nicht verzetteln, ist es für Sie als Anbieter Ihrer Arbeitskraft wichtig, möglichst genau zu wissen, wonach Sie suchen, um entsprechend zielgerichtet vorzugehen – ggf. ist es natürlich dennoch klug, mehrgleisig zu fahren und durch ein strukturelles Vorgehen die Stellensuche zu vereinfachen.

Allgemeine Stellenangebote finden Sie insbesondere über die einschlägigen, breit aufgestellten Jobsuchseiten. Neben den klassischen Onlinebörsen sind aber auch die großen Metasuchmaschinen sehr hilfreich. Sie durchsuchen für Sie Jobbörsen, Internetseiten von Unternehmen und Verbänden sowie Printmedien – das hat den Vorteil, dass die Trefferquote höher ausfällt.

Es ist sicherlich ratsam, auch auf fachspezifische Internetseiten zu setzen. Spezialisierte Stellenbörsen gibt es für zahlreiche Branchen, wie z. B. für Umwelt, IT, das Gesundheitswesen, den Rechtsbereich oder auch den öffentlichen Dienst. Andere Jobbörsen wiederum bieten gezielt Stellen aus der Start-up-Szene an. Immer mehr im Kommen sind die sogenannten »Social Jobs«. Es gibt inzwischen diverse Plattformen, die sich nur auf soziale und nachhaltige Berufe spezialisiert haben.

In allen Fällen erfahren Sie nicht nur, ob ein Unternehmen gerade ein Angebot macht und in einem Forum platziert hat, sondern finden auch Ansprechpartner und Adressen, an die Sie Ihr spezifisches Mitarbeitsangebot (auch eigeninitiativ) richten können.

Auch die sozialen Netzwerke spielen eine Rolle: Wer heute auf Jobsuche ist, sollte möglichst in irgendeiner Form im Internet präsent sein. Denn Personalrekrutierer und nicht zuletzt Headhunter nutzen das Internet, um potenzielle Kandidaten zu identifizieren und zu kontaktieren. Hier bieten sich Profile in den einschlägigen Karrierenetzwerken an. Dabei sollte darauf geachtet werden, passende und einfache Schlagworte in den entsprechenden Kategorien wie »Ich suche«, »Ich biete« oder »Interessen« zu verwenden. Eine Alternative kann eine eigene suchmaschinenoptimierte Homepage (»Visitenkarte im Netz«) oder ein Blog zu einem bestimmten Thema im beruflichen Kontext sein. Aber allein schon die aktive Teilnahme an einschlägigen Fachdiskussionen trägt dazu bei, aufzufallen und Kontakte herzustellen. So wird man im Internet schneller gefunden.

Wer hätte gedacht, dass Onlinenetzwerke wie Facebook und Twitter einmal für die Jobrecherche interessant sein könnten? Zwar sind die beiden Dienste keine klassischen beruflichen Netzwerke. Aber auf Facebook sind zahlreiche Firmen vertreten, deren Seiten sowohl als Informationsquelle als auch als Kommunikationsmöglichkeit dienen. Über branchenspezifische Gruppen können Job-Postings direkt im Stream empfangen werden. Auch auf dem Kurznachrichtendienst Twitter posten immer mehr Unternehmen freie Stellen. Mittlerweile hat sich »#jobs« für die Stellensuche etabliert. Auf der Internetseite *jobtweet.de* können schließlich Twitter-Nachrichten gezielt nach Berufsbezeichnung und Schlagworten eingegrenzt werden.

Wer jedoch bereits seine potenziellen »Traumarbeitgeber« im Blick hat, hat es noch einfacher: Fast jedes Unternehmen zeigt auf seiner Website Stellenangebote. Es gibt Firmen, die freie Stellen sogar nur noch auf ihrer Homepage ausschreiben. Es lohnt sich also, auf diesen Seiten regelmäßig vorbeizuschauen. Um lange, chaotische Favoritenlisten in diesem Zusammenhang zu vermeiden, ist es eine Vereinfachung, hierfür mit einem sogenannten Bookmarking-Dienst zu arbeiten. So wird die Linkliste effizienter verwaltet und es kann von unterschiedlichen Endgeräten auf die Liste zugegriffen werden. Zu guter Letzt bietet die Suchmaschine Google mit ihren Google-Alerts einen nützlichen Begleiter durch den Internet-Dschungel an: Einfach und kostenlos können Inhalte im Web verfolgt werden, indem für bestimmte Begriffe – z. B. »Manager Marketing München« –, zu denen man eine E-Mail-Benachrichtigung erhalten möchte, ein »Alert« (Alarm, Weckruf) erstellt wird.

So gelangen Sie zu Ihrem Online Content

Liebe Leserin, lieber Leser,

um Sie bei Ihrem Bewerbungsvorhaben bestmöglich zu unterstützen, stellen wir Ihnen die im Buch enthaltenen Bewerbungsbeispiele zum Herunterladen und Bearbeiten im **RTF-Format** als **Online Content** zur Verfügung. Denken Sie daran, die Vorlagen nicht eins zu eins zu übernehmen, sondern Ihren eigenen Weg zu gehen. Individualität ist wichtig für den Bewerbungserfolg! Sie können aber von den Vorlagen profitieren, indem Sie sie für Ihre eigene Bewerbung anpassen und sich dadurch viel Arbeit und Mühe sparen.

Sie gelangen zu Ihrem Online Content, indem Sie die Seite **www.berufundkarriere.de/onlinecontent** aufrufen und den Anweisungen auf der Website folgen.

Vielfalt der Bewerbungsformen:

klassisch, modern, initiativ, kurz

Zu Beginn präsentieren wir Ihnen verschiedene Bewerbungsbeispiele und -formen einer jungen Gesundheits- und Krankenpflegerin. Sie hat **klassische Bewerbungsunterlagen** erstellt, die sie sowohl per Post als auch per E-Mail verschicken kann. Zusätzlich hat sie eine **modernere Bewerbung** entworfen, mit der sie sich sicher von anderen Bewerbern abhebt. Wieder anders präsentiert sie sich in ihrer **Initiativbewerbung** und ihrer **Kurzbewerbung**. Was die jeweiligen Bewerbungsformen ausmacht, zeigt sich am besten im direkten Vergleich der Varianten.

Profitieren Sie davon und lassen Sie sich inspirieren. Denn auch bei Ihrem Bewerbungsvorhaben gibt es diese unterschiedlichen Möglichkeiten, die Sie bewusst entwickeln und einsetzen können. Erstellen Sie dennoch zuerst zwei Bewerbungsvarianten (klassisch und modern), bevor Sie sich mit den Unterformen (Kurz-, Initiativ- und vielleicht sogar auch Kreativbewerbung siehe Seite 81) auseinandersetzen.

Anja Künast
Gesundheits- und Krankenpflegerin
Weinbergstraße 11
56812 Cochem
Telefon: 01575 / 68 162 48
anja.künast@gmx.de

Anja Künast – Weinbergstraße 11 – 56812 Cochem

St. Annen Klinik
Pflegedienstleitung
Frau Martina Albers
Am Ring 23
24103 Kiel

Cochem, 3. März 2017

Bewerbung als Gesundheits- und Krankenpflegerin auf der chirurgischen Station
Unser Telefonat von gestern

Sehr geehrte Frau Albers,

herzlichen Dank für das freundliche Telefonat, durch das ich in dem Wunsch bestärkt wurde, für Ihre Klinik tätig zu werden. Wie gewünscht sende ich Ihnen meine Bewerbungsunterlagen.

Aufgrund meiner besonderen Freude am Umgang mit Menschen und meines Interesses daran, kranken Menschen pflegerisch zur Seite zu stehen, habe ich nach einem Praktikum eine Ausbildung zur Gesundheits- und Krankenpflegerin absolviert. Inzwischen verfüge ich über eine mehr als dreijährige Berufserfahrung und kenne mich daher mit allen auf einer chirurgischen Station anfallenden Aufgaben sehr gut aus.

In meiner Arbeit zeichne ich mich durch eine gute Strukturierung aus, sodass ich sorgfältig und gleichzeitig effizient arbeite. Im Umgang mit den Patienten kommen mir mein ruhiges Wesen und meine Geduld voll zugute – es bereitet mir einfach sehr viel Freude, ganz individuell auf den jeweiligen Patienten einzugehen und dafür Sorge zu tragen, dass dieser sich während des gesamten Krankenhausaufenthaltes jederzeit gut aufgehoben fühlt.

Da ein Umzug nach Kiel bevorsteht, würde ich sehr gerne ab dem 1. Mai für Sie tätig werden.

Ich freue mich auf Ihre Nachricht und suche Sie gerne für ein persönliches Kennenlernen auf.

Mit freundlichen Grüßen

Anja Künast

Anlagen

Anja Künast
Gesundheits- und Krankenpflegerin
Weinbergstraße 11
56812 Cochem
Telefon: 01575 / 68 162 48
anja.künast@gmx.de

KURZPROFIL

- Ausgebildete Gesundheits- und Krankenpflegerin
- Dreijährige Tätigkeit auf einer chirurgischen Station
- Fünfmonatige Tätigkeit für einen Pflegedienst
- Sorgfältiger und sehr effizienter Arbeitsstil
- Große Freude am Umgang mit Menschen

Der Wunsch, dem Menschen in einer besonderen
Situation zur Seite zu stehen
und zu helfen, ist der Grund dafür, dass ich
mich für diesen Beruf entschieden habe
und mich immer wieder dafür entscheiden würde.

PERSÖNLICHE DATEN

Geboren am 11. April 1994 in Frankfurt am Main
Ledig, keine Kinder

BERUFSTÄTIGKEIT

Seit 01.2014	**Gesundheits- und Krankenpflegerin** Städtisches Krankenhaus Koblenz Einsatz auf der chirurgischen Station ▪ Unterstützung bei der Körperpflege ▪ Betten und Lagern der Patienten ▪ Messung der Vitalwerte ▪ Verabreichen von Medikamenten und Injektionen ▪ Durchführung von Infusionen, Blutentnahmen, Punktionen, Transfusionen und Spülungen ▪ Wundversorgung ▪ Vorbereitung der Patienten für operative und therapeutische Maßnahmen ▪ Dokumentation
08.2013 – 12.2013	**Bewerbungsphase und überbrückende Tätigkeit als Pflegekraft** Ambulanter Pflegedienst Homecare, Cochem ▪ Unterstützung bei der Körperpflege und bei der Verrichtung alltäglicher Aufgaben ▪ Verabreichen von Medikamenten ▪ Wundversorgung ▪ Freizeitgestaltung

AUSBILDUNG

09.2010 – 07.2013	**Gesundheits- und Krankenpflegerin** Marienhospital Trier ▪ Abschlussnote: gut
07.2010	**Realschulabschluss** Goethe-Realschule, Cochem ▪ Abschlussnote: sehr gut (1,4)

SONSTIGES

Führerschein	Klasse B, Pkw vorhanden
Hobbys	Squash, Badminton

Cochem, 3. März 2017

Zu den klassischen Bewerbungsunterlagen von Anja Künast, Gesundheits- und Krankenpflegerin

Eröffnet werden die Bewerbungsunterlagen der Gesundheits- und Krankenpflegerin durch ein klassisches **Anschreiben**, das sehr sorgfältig und überzeugend getextet ist. Die Bewerberin hat vorab mit der Pflegedienstleitung gesprochen und mit ihr vereinbart, ihr die Unterlagen schnell zukommen zu lassen. Hintergrund ist der bevorstehende Umzug nach Kiel. Anja Künast ist noch jung, aber mit bereits drei Jahren Berufserfahrung auch keine Anfängerin mehr. Sie gibt im Anschreiben geschickt Einblick in ihre Motivationslage und ihren Arbeitsstil. Das kommt gut und angemessen rüber, sodass man die nächsten Seiten, zunächst ein **Deckblatt mit Foto**, gespannt erwartet.

Wir finden hier ein Kurzprofil und eine handschriftliche und sehr persönliche Botschaft, die abermals die Seriosität und Kompetenz, den guten Gesamteindruck festigt. Der rote Faden wird erkennbar. Das macht Lust auf mehr und wird gleich mit einem auf einer Seite kurz und bündig gehaltenen **Lebenslauf**, der aber gut ohne diese Überschrift auskommt, weiter positiv unterstützt. Natürlich folgen im Anschluss die üblichen Unterlagen wie Ausbildungs- und Zwischenzeugnis, die wir hier nicht abdrucken.

Bemerkenswert: Das insgesamt sehr ansprechende Design, das gut gestaltete Deckblatt mit Kurzprofil und einer sehr persönlichen Botschaft.
Verbesserungswürdig: Man hätte vielleicht im Anschreibentext noch mit Fettungen arbeiten können, aber für klassische Bewerbungsunterlagen geht es auch so, Fettungen sehen wir bei den anderen Beispielen.

1. Lektion Darauf kommt es jetzt wirklich an …

Auf Ihre Einstellung! Und dies im doppelten Wortsinne. Also auf die mentale Auseinandersetzung mit und Einstimmung auf Ihr Vorhaben, einen Arbeitsplatz zu bekommen. Dabei spielt die gründliche Vorbereitung die alles entscheidende Hauptrolle. In welcher Rolle treten Sie – jetzt zunächst schriftlich – auf und was ist Ihre Hauptbotschaft?

Jede Bewerbung verlangt Werbung in eigener Sache. Ihre zentralen Botschaften sollten Auge, Herz und Verstand des Lesers und Entscheiders in kürzester Zeit erfolgreich und überzeugend erreichen und den unbedingten Wunsch auslösen, Kontakt mit Ihnen aufzunehmen. Ganz wichtig für Sie und Ihr Bewerbungsvorhaben: Ein neues Bewusstsein und damit verbunden ein ganz anderes Verständnis für Ihre Rolle und Aufgabe, denn Sie wollen ja Ihre Dienstleistung, Ihre Mitarbeit »verkaufen«. So verstanden sind Sie »Unternehmer« und auf der Suche nach einem Kunden, dessen Probleme Sie lösen helfen. Diese Sichtweise verändert alles.

Je besser Sie sich vorbereiten, desto größer werden Ihre Chancen, den Bewerbungsmarathon in möglichst kurzer Zeit erfolgreich zu absolvieren. Ihre Unterlagen gelten dem Auswähler als erste Arbeitsprobe und Eindruck Ihrer (Arbeits-)Persönlichkeit.

GESUNDHEITS- UND KRANKENPFLEGERIN
Anja Künast

Anja Künast – Weinbergstraße 11 – 56812 Cochem

St. Annen Klinik
Pflegedienstleitung
Frau Martina Albers
Am Ring 23
24103 Kiel

Cochem, 3. März 2017

GESUNDHEITS- UND KRANKENPFLEGERIN AUF DER CHIRURGISCHEN STATION

Sehr geehrte Frau Albers,

auf der Suche nach einer passenden Aufgabe – ab dem 1. Mai werde ich in Kiel leben – bin ich auf Ihre Klinik gestoßen, über die ich nur Gutes gehört und gelesen habe.

Ich bin Gesundheits- und Krankenpflegerin
und arbeite nunmehr seit über 3 Jahren im Städtischen Krankenhaus Koblenz auf der 1. chirurgischen Station. In Trier habe ich mich nach einem Praktikum im Marienhospital für die Ausbildung und für diesen Beruf entschieden, da mir der Umgang mit Menschen Spaß macht und es mir liegt, Kranken pflegerisch zur Seite zu stehen.

Mit allen anfallenden Aufgaben kenne ich mich bestens aus.
Mein Arbeitsstil ist sehr strukturiert, sodass ich meine Aufgaben überaus sorgfältig und gleichzeitig effizient erledige.

Im Umgang mit Patienten
kommen mir mein ruhiges Wesen und meine Geduld voll zugute.
Ich arbeite gerne patientenorientiert, stelle mich rasch auf individuelle Bedürfnisse ein und trage Sorge dafür, dass sich die mir anvertrauten Patienten gut aufgehoben fühlen.

Besonders wichtig ist mir daher, während des gesamten Krankenhausaufenthaltes den **Heilungsprozess zu unterstützen**, die **Beziehung zum Patienten zu pflegen** und sein **Vertrauen in die Ärzte** sowie **in die Klinik zu stärken**.

Sehr gerne würde ich ab dem 1. Mai für Sie tätig werden.

Ich freue mich auf Ihre Nachricht und besuche Sie gerne für ein persönliches Kennenlernen.

Mit besten Grüßen noch aus Süddeutschland

Anlagen

Weinbergstraße 11 – 56812 Cochem – Telefon: 01575 / 68 162 48 – anja.künast@gmx.de

GESUNDHEITS- UND KRANKENPFLEGERIN

Anja Künast

BEWERBUNGSUNTERLAGEN FÜR DIE

St. Annen Klinik
Pflegedienstleitung
Frau Martina Albers
Am Ring 23
24103 Kiel

Medicus curat, natura sanat

KURZPROFIL

Große Freude am pflegerischen Umgang mit Menschen
Fünfmonatige Tätigkeit für einen Pflegedienst
Dreijährige Tätigkeit auf einer chirurgischen Station
Sorgfältiger und sehr effizienter Arbeitsstil

PERSÖNLICHE DATEN

Geboren am 11. April 1994 in Frankfurt am Main,
ledig, keine Kinder

BERUFSTÄTIGKEIT

Seit 01.2014 — **Gesundheits- und Krankenpflegerin**
Städtisches Krankenhaus Koblenz
- Einsatz auf der chirurgischen Station

08.2013 – 12.2013 — **Bewerbungsphase / überbrückende Tätigkeit als Pflegekraft**
Ambulanter Pflegedienst Homecare, Cochem
- Unterstützung mehrerer Senioren in ihrer häuslichen Umgebung

AUSBILDUNG

09.2010 – 07.2013 — **Gesundheits- und Krankenpflegerin**
Marienhospital Trier
- Abschlussnote: gut

07.2010 — **Realschulabschluss**
Goethe-Realschule, Cochem
- Abschlussnote: sehr gut (1,4)

SONSTIGES

Führerschein	Klasse B, Pkw vorhanden
Hobbys	Squash, Badminton

Cochem, 3. März 2017 Anja Künast

Weinbergstraße 11 – 56812 Cochem – Telefon: 01575 / 68 162 48 – anja.künast@gmx.de

Zu den modernen Bewerbungsunterlagen von Anja Künast, Gesundheits- und Krankenpflegerin

Jetzt haben wir es mit einer von Layout und Aufbau her modernen Variante der Bewerbung von Anja Künast zu tun. Ohne vorab zu telefonieren, wendet sich die Bewerberin nach Recherchen namentlich an die Pflegedienstleiterin und stellt sich vor. Ihr **Anschreiben** ist so aufgebaut, dass die entscheidenden Aussagen (Botschaften) in einer fetteren, größeren Schrift den Empfänger sofort ansprechen. Diese Gestaltung und natürlich auch der Inhalt der Botschaften erhöhen deutlich die Wahrscheinlichkeit, dass sich Frau Albers das Anschreiben und den Lebenslauf (der ohne diese Überschrift auskommt), intensiv anschaut.

Der kurze **Lebenslauf** transportiert neben dem **Foto** der Bewerberin einen allgemein bekannten lateinischen Spruch (Der Arzt behandelt, die Natur heilt.) in Kombination mit ihrem Kurzprofil. Damit erzeugt Frau Künast schon einen sehr positiven, starken Eindruck und da die wenigen Daten, die hier noch auf die Seite passen, dies alles ausgezeichnet unterstützen, kann sie mit einer Einladung rechnen.

Bemerkenswert: Die optische Gestaltung des Anschreibens mit wirklich guten Botschaften überzeugt.
Verbesserungswürdig: Man hätte vielleicht doch noch eine weitere Seite für den Lebenslauf einplanen und damit etwas mehr an Informationen vermitteln können. Aber es geht auch so!

2. Lektion Die wichtigsten Bausteine Ihrer schriftlichen Bewerbung

Ihr absolut wichtigster Werbeprospekt in eigener Sache ist Ihr beruflicher Werdegang (Lebenslauf), dann folgen die Empfehlungsschreiben (Zeugnisse) und deutlich nachgeordnet Ihr Anschreiben. Wenn auch alle drei Dokumente in ihrer Gesamtbedeutung nicht zu unterschätzen sind, in der Gewichtung gibt es schon gravierende Unterschiede. Eine Art Visitenkarte Ihrer Persönlichkeit wird durch Ihr Foto und Ihre Hobbys/Interessen/Engagement kommuniziert. Unterschätzen Sie diese wichtigen vertrauensbildenden Punkte nicht.

Für das Bild, das sich andere von Ihnen aufgrund Ihrer Unterlagen machen, sind Sie selbst verantwortlich. Sorgen Sie dafür, dass es »rund und attraktiv« ist und dass klar zum Ausdruck kommt, ...

1. **wofür Sie stehen,**
2. **was Sie anbieten,**
3. **was Sie motiviert und**
4. **was Sie von anderen positiv unterscheidet (USP, Alleinstellungsmerkmal).**

Achten Sie darauf, dass diese 4 Punkte in Ihrer Bewerbung gut rüberkommen!

Anja Künast

Weinbergstraße 11
56812 Cochem
Telefon: 01575 / 68 162 48
anja.künast@gmx.de

Anja Künast – Weinbergstraße 11 – 56812 Cochem

St. Annen Klinik
Pflegedienstleitung
Frau Martina Albers
Am Ring 23
24103 Kiel

Cochem, 3. März 2017

INITIATIVBEWERBUNG ALS
GESUNDHEITS- UND KRANKENPFLEGERIN AUF DER CHIRURGISCHEN STATION

Sehr geehrte Frau Albers,

ich bin auf der Suche nach einem neuen Arbeitsplatz, der meiner Qualifikation entspricht. Aufgrund eines bevorstehenden Umzuges nach Kiel würde ich künftig sehr gerne auf der chirurgischen Station Ihrer Klinik tätig werden.

Hier die wichtigsten Informationen zu meiner Person:

- 22 Jahre alt
- Realschulabschluss (Note: sehr gut)
- Ausbildung zur Gesundheits- und Krankenpflegerin (Note: gut)
- Dreijährige Berufserfahrung auf der chirurgischen Station des Städtischen Krankenhauses Koblenz
- Fünfmonatige Tätigkeit für einen Pflegedienst
- Sehr gut strukturierte, sorgfältige und effiziente Arbeitsweise
- Freude am Umgang mit Patienten
- Persönliche Interessen: Squash und Badminton

Ich freue mich, wenn dieses berufliche Kurzprofil Ihr Interesse weckt und ich Ihnen meine ausführlichen Bewerbungsunterlagen senden oder Sie zu einem persönlichen Kennenlernen in Kiel aufsuchen darf.

Mit freundlichen Grüßen nach dem Norden

Anja Künast

www.xing.com/profile/anja_kuenast

Zur Initiativbewerbung von Anja Künast, Gesundheits- und Krankenpflegerin

Anja Künast stellt sich hier in eigener Initiative vor und bietet in diesem **Anschreibentext** ihre Mitarbeit an – klar strukturiert und mit einer interessanten Briefkopf-Variante. In aller Kürze alle wichtigen Punkte, die sie interessant erscheinen lassen und als potenzielle Mitarbeiterin empfehlen, so gut zu vermitteln, ist schon eine kleine Kunst. Das ist Anja Künast hier sehr gut gelungen. Wenn Frau Albers, die Pflegedienstleitung, das genauso sieht, wird sie sich telefonisch oder per E-Mail melden, evtl. noch weitere Unterlagen anfordern oder gleich zu einem Vorstellungsgespräch einladen.

Bemerkenswert: Die textliche und optische Gestaltung dieses Anschreibens zur Initiativbewerbung ist optimal.
Verbesserungswürdig: Um es kurz und knapp zu halten, muss nicht mehr getan und geschrieben werden.

Alle drei bisher gezeigten Varianten der Bewerberin könnten sowohl ausgedruckt und per Post versendet werden als auch in digitaler Form als Anhang zu einer kurzen Ankündigungs-E-Mail verschickt werden. Diese E-Mail könnte beispielsweise wie im ersten folgenden E-Mail-Beispiel getextet sein:

Nachricht Einfügen Optionen Text formatieren

Senden

An... m.albers@st.annen-klinik.de

Cc...

Betreff: Gesundheits- und Krankenpflegerin für die Chirurgie

Sehr geehrte Frau Albers,

ab dem 1. Mai werde ich in Kiel leben und biete Ihnen meine Mitarbeit auf der Chirurgie an. Ich verfüge bereits über ein paar Jahre Erfahrung und freue mich, wenn Sie mein Angebot (siehe Bewerbungsunterlagen im Anhang) prüfen und mich zu einem Kennenlerngespräch einladen.

Mit besten Grüßen

Anja Künast

PDF Bewerbungsunterlagen A. Künast

Anja Künast
Weinbergstr. 11 • 56812 Cochem • T: 01575 / 681 62 48 • E: anja.künast@gmx.de

Nachricht Einfügen Optionen Text formatieren

Senden

An... m.albers@st.annen-klinik.de

Cc...

Betreff: Bewerbung Gesundheits- und Krankenpflegerin in der Chirurgie

Bewerbung Gesundheits- und Krankenpflegerin in der Chirurgie
Unser Telefonat von gestern

Sehr geehrte Frau Albers,

für das sehr freundliche und ausführliche Telefonat bedanke ich mich und sende Ihnen hier wie verabredet eine erste Kurzbewerbung.
Ich bin ...

- ausgebildete Gesundheits- und Krankenpflegerin,
- verfüge über eine 3-jährige Praxis auf einer chirurgischen Station,
- war 5 Monate für einen Pflegedienst tätig,
- habe einen sorgfältigen und sehr effizienten Arbeitsstil
- und große Freude am Umgang mit Menschen.

Diese Freude am Umgang mit Menschen und mein Engagement, Kranken pflegerisch zur Seite zu stehen, haben mich zu dieser Berufswahl veranlasst. Jetzt blicke ich schon auf ein paar Jahre Berufserfahrung zurück und weiß, meine Entscheidung war richtig.

Persönliche Daten: geboren am 11. April 1994 in Frankfurt/M, ledig, keine Kinder

Berufstätigkeit: seit 01.14 Gesundheits- und Krankenpflegerin, Städtisches Khs Koblenz
Einsatz auf der chirurgischen Station

08.2013 – 12.2013
Bewerbungsphase/überbrückende Tätigkeit als Pflegekraft, Ambulanter Pflegedienst Homecare, Cochem

09.2010 – 07.2013
Ausbildung zur Gesundheits- und Krankenpflegerin, Marienhospital Trier, Abschlussnote: gut

Ich kenne mich mit allen auf einer chirurgischen Station anfallenden Arbeiten gut aus.
Im Umgang mit Patienten kommen mir mein ruhiges Wesen und meine Geduld zugute.
Es macht mir Spaß, individuell auf Patienten einzugehen und dafür Sorge zu tragen, dass sie sich während des Krankenhausaufenthaltes bestens aufgehoben fühlen.
Ab dem 1. Mai würde ich sehr gerne für Sie tätig werden.

Meine Zeugnisse habe ich beigefügt.

Mit freundlichen Grüßen

Anja Künast
Weinbergstraße 11
56812 Cochem
Telefon: 01575 / 68 162 48
anja.künast@gmx.de

PDF
Zeugnisse A. Künast

Zur Kurzbewerbung von Anja Künast, Gesundheits- und Krankenpflegerin

Anja Künast hat die Gelegenheit genutzt und die Ansprechpartnerin vorab telefonisch erfolgreich kontaktiert. Offensichtlich hinterließ sie dabei einen positiven Eindruck und sendet nun auf Wunsch der Pflegedienstleitung ihre Kurzbewerbung, der sie ihre Zeugnisse beigefügt hat. Das Kurzanschreiben und der Kurzlebenslauf (im schlichten Layout) befinden sich beide im E-Mail-Feld.

Gleich zu Beginn des Kurzanschreibens bedankt sich Anja Künast – wie es sich gehört – für das freundliche Telefonat und präsentiert sehr komprimiert die wichtigsten Daten und Fakten ihres Berufslebens. Dabei gibt sie außerdem Auskunft über ihre Motivation für diesen Beruf. Kurz und knapp werden die Berufsstationen aufgeführt und abschließend folgt eine Botschaft im Hinblick auf ihren Arbeitsstil und ihren Umgang mit Patienten. Auch ihr Wunsch-Eintrittsdatum hat die Bewerberin angegeben.

Bemerkenswert: Was man alles in einer doch noch relativ kurzen E-Mail über sich vermitteln kann!
Verbesserungswürdig: Vielleicht hätte Frau Künast noch etwas zu ihren Hobbys oder Interessen mitteilen können.

3. Lektion Klarer Trend zur digitalen Bewerbung

Nur noch ein Drittel der Bewerber versenden ihre Unterlagen per (klassischer) Post. Die meisten wählen die E-Mail-Variante mit Dateianhang. Trotzdem brauchen früher oder später alle Bewerber eine überzeugende Papierform ihres beruflichen Werdeganges. Dafür sollten Sie sich schon einmal eine entsprechende Präsentationsmappe bereitlegen. Denn beim oder nach dem ersten Vorstellungsgespräch werden Sie möglicherweise aufgefordert, Ihre Bewerbungsunterlagen nachzureichen oder beim nächsten Treffen mitzubringen. Man will sehen, wie viel Mühe Sie sich geben, wie Ihnen diese Arbeitsprobe gelingt.

Segel setzen:

Bewerbungen von Berufseinsteigern

Auch junge Bewerberinnen und Bewerber müssen sich etwas Besonderes einfallen lassen, um den Ausbildungsplatz zu bekommen, den sie sich wünschen. Wie eine Bewerberin mit dem Berufsziel Köchin sich mit einer Profilcard präsentiert, sehen Sie auf Seite 24. Die Profilcard kann aber durchaus auch für Bewerber mit mehr Berufserfahrung ein Mittel sein, auf sich aufmerksam zu machen.

Wer nicht das Glück hat, nach der Ausbildung direkt übernommen zu werden, steht auch wieder vor der Aufgabe, sich durch Bewerbungsunterlagen zu empfehlen und zu vermitteln, dass man zwar noch nicht viel Berufserfahrung, aber dennoch Eigenschaften und Fertigkeiten mitbringt, die dem Arbeitgeber von großem Nutzen sein werden. Wie das gelingt, zeigt unser Beispiel einer jungen Reiseverkehrskauffrau (Seite 25).

Auch zu dieser Gruppe zählen die Young Professionals, wie der Architekt in unserem Beispiel (Seite 28), die noch wenig Berufserfahrung haben oder frisch von der Uni kommen. Diese Bewerber können vor allem durch die überzeugende Darstellung von Praktika, Auslandsaufenthalten und besonderen Studienleistungen punkten – und natürlich durch den Gesamteindruck der Bewerbungsunterlagen, wobei das natürlich für alle gilt.

Die Profilcard von Lena Reiner, Ausbildung zur Köchin

Essen & Trinken
... hält Leib & Seele zusammen!
Und Sie bilden gute Köche aus!

Lena Reiner – mein Name
Köchin – mein Ziel
Meine Profilcard – für Sie!

Info zu meiner Person – auf der Rückseite ➔

Person
geb. am 11.08.2001 in Frankfurt •
Schulabschluss 04/2017: Mittlere Reife •
Lieblingsfächer: Hauswirtschaft, Englisch •
Hobbys: Backen, Volleyball •

Persönliches
aufgeschlossen, freundlich •
aufmerksam, kommunikativ •
sprachbegabt, humorvoll •

Ich freue mich sehr, wenn Sie meine
vollständige Bewerbung anfordern:
Raiffeisenstr. 2, 24148 Kiel
Tel. 0431 2724411 – lena@mail.de – www.lena-reiner.de

Diese Bewerberin wünscht sich einen Ausbildungsplatz als Köchin und geht auf eine große Hotel- und Gastronomiemesse. Weil sie nicht damit rechnet, hier gleich ihre Bewerbungsmappe übergeben zu dürfen, hat sie sich für die Profilcard entschieden und freut sich nun, wenn sie diese einem interessierten und für sie interessanten Gesprächspartner überreichen kann. Das ist angemessen und wird sicher belohnt. Die Profilcard enthält alle nötigen Daten, und die Bewerberin hat darüber hinaus noch ein passendes Motto und ihre wichtigsten Stärken eingebaut. Das wirkt nicht überladen und gibt der Karte eine besondere persönliche Note.

Bitte glauben Sie jetzt nicht, so etwas wäre vielleicht nur für Ausbildungsplatzsuchende einsetzbar. Auch als gestandener Berufsvertreter können Sie in vielen Branchen mit einer Profilcard punkten!

Unsere Empfehlung

Tragen Sie ab jetzt stets ein paar Profilcards in Ihrer Jackentasche. Bewerbungssituationen kommen manchmal ganz plötzlich und unerwartet.

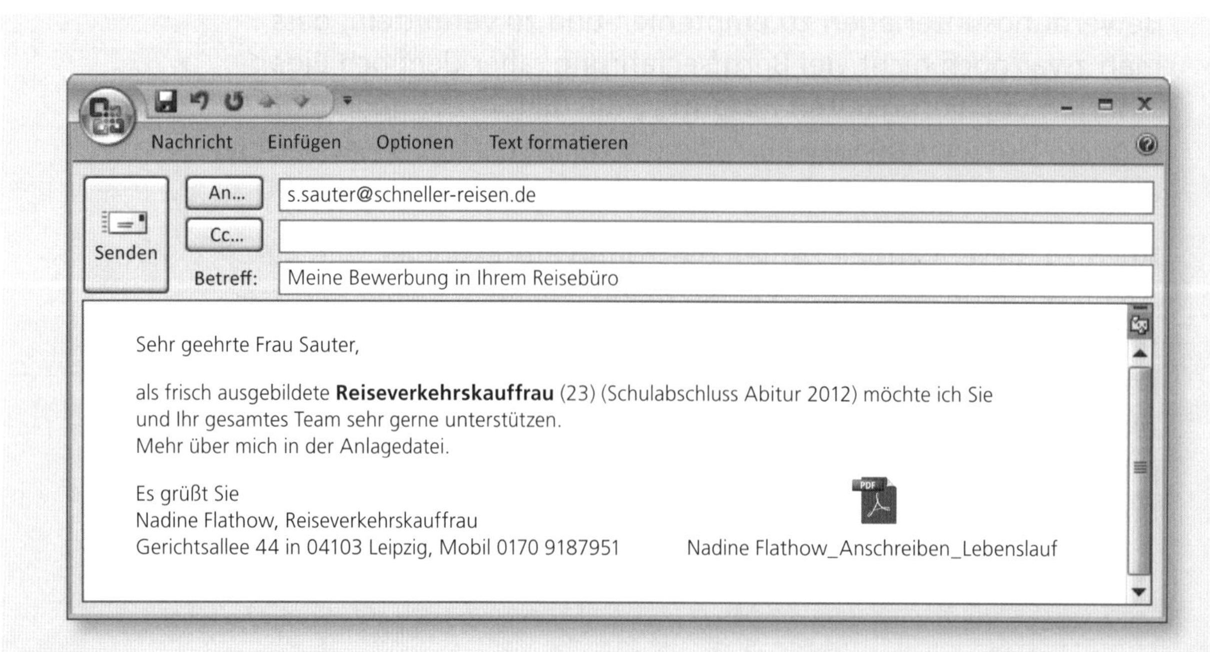
Nachricht Einfügen Optionen Text formatieren
Senden
An... s.sauter@schneller-reisen.de
Cc...
Betreff: Meine Bewerbung in Ihrem Reisebüro

Sehr geehrte Frau Sauter,

als frisch ausgebildete **Reiseverkehrskauffrau** (23) (Schulabschluss Abitur 2012) möchte ich Sie und Ihr gesamtes Team sehr gerne unterstützen.
Mehr über mich in der Anlagedatei.

Es grüßt Sie
Nadine Flathow, Reiseverkehrskauffrau
Gerichtsallee 44 in 04103 Leipzig, Mobil 0170 9187951

Nadine Flathow_Anschreiben_Lebenslauf

Nadine Flathow
Reiseverkehrskauffrau
Gerichtsallee 44
04103 Leipzig
Telefon 0341 5653041
Mobil 0170 9187951

Schneller Reisen GmbH
Frau Sauter
Promenade 35
01122 Dresden

Leipzig, 04.04.17

Meine Bewerbung in Ihrem Reisebüro

Sehr geehrte Frau Sauter,

im Internetportal www.touristik.career.de bin ich auf eine Ihrer Werbeanzeigen gestoßen.

Ich (23) bin eine frisch ausgebildete **Reiseverkehrskauffrau** und habe davor als erste Ausbildung **nach dem Abitur** den Abschluss der internationalen Touristikassistentin gemacht.

Ein mehrmonatiger ausbildungsbedingter **Aufenthalt in Spanien** hat meine Sprach- und Fachkenntnisse stark geprägt.

Jetzt möchte ich beweisen, was ich kann … geben Sie mir doch bitte diese Chance.

Auf eine Einladung freue ich mich
und grüße Sie aus Leipzig

Anlagen

PS: Privat bin ich sportlich sehr aktiv und **Teamcaptain der Cheerleader** der Leipzig Lions (American Football), also alles andere als eine Couch-Potato …

LEBENSLAUF

Nadine Flathow
Reiseverkehrskauffrau

Gerichtsallee 44, 04103 Leipzig
Tel: 0341 5653041
Mobil: 0170 9187951
E-Mail: n.flathow@freenet.de

geboren am 14.06.1993 in Bad Saarow
unverheiratet, keine Kinder, ortsungebunden

Schul- und Berufsausbildung

2003–2012	Werner-von-Siemens-Gymnasium Leipzig, Abschluss: Abitur
2012–2015	Ausbildung zur Staatl. Geprüft. Intern. Touristikassistentin an der Berufsfachschule für Wirtschaft in Borna
2016	Weiterbildung zur Reiseverkehrskauffrau bei der Akademie für Wirtschaft und Verwaltung in Dresden

Berufserfahrung

2012 + 2014	Praktikum im 5-Sterne-Hotel Melia Sancti Petri in Spanien
2014	Praktikum im Reisebüro Suntours in Lindenthal / Leipzig

Fähigkeiten

Fremdsprachen in Wort und Schrift: Englisch (sehr gut), Französisch (gut), Spanisch (gut)

Computerprogramme: Sabre-Merlin, MS Office

Führerschein Klasse B

Team- und Führungsfähigkeit

Interessen und Hobbys

Teamcaptain der Cheerleader der American-Football-Mannschaft Leipzig Lions, Marathonläuferin

Leipzig, 04.04.2017

Zur Initiativbewerbung von Nadine Flathow, Reiseverkehrskauffrau nach der Ausbildung

Mit einer kurzen Ankündigungs-E-Mail startet die frisch ausgebildete Reiseverkehrskauffrau und wirbt um Aufmerksamkeit für die beigefügten Unterlagen, Anschreiben und Lebenslauf. Der Text ist sehr gut! Selbst mit ganz wenigen Zeilen kann es gelingen, eine erste wichtige Botschaft zu vermitteln (ich bin mit der Ausbildung fertig und hoch motiviert, zu zeigen, was ich leisten kann). In dem beigefügten Anhang befinden sich in einer Datei das Anschreiben, der Lebenslauf und die Zeugnisse. Für den Empfänger ist es praktischer, alles in einer Datei und nicht in getrennten Dateien zu erhalten.

Das **Anschreiben** im Anhang ist kurz, bringt das Angebot gut auf den Punkt und durch die ausgewählten, sparsam eingesetzten Textfettungen wird das Auge gut auf die wichtigsten Botschaften / Inhalte gelenkt.

Der Aufbau des **Lebenslaufes** ist klassisch-konservativ, aber nicht langweilig. Moderner wäre die Variante von der Gegenwart in die Vergangenheit, aber bei Berufseinsteigern, die noch nicht so viel an Berufserfahrung anführen können, ist dieser chronologische Aufbau noch in Ordnung. Die Original-Unterschrift wurde eingescannt – sehr gut! Eine bemerkenswerte Besonderheit ist die Berufsbezeichnung unterhalb des Namens (könnte auch daneben platziert sein). So wird eine der wichtigsten Informationen sofort vermittelt und zeigt eine hohe Berufsidentifikation an, sehr schön. Als **Anlagen** folgen die (hier nicht abgedruckten) Zeugnisse.

Einschätzung

Eine kurze, aber sehr effektive Arbeitsprobe, die überzeugt und Interesse auslöst, die Bewerberin kennenzulernen! Genau darauf kommt es an. Den Rest an Überzeugung muss das Vorstellungsgespräch bringen.

4. Lektion Ein hilfreicher Leitfaden für die Erstellung Ihrer Unterlagen

Es geht um den ersten guten Eindruck. In der Werbepsychologie gibt es eine Grundformel, die beschreibt, wie Wirkung erzielt werden kann: die **AIDA**-Formel.

A für attention (Aufmerksamkeit erzeugen)
I für interest (Interesse wecken)
D für desire (Wunsch auslösen, zum Vorstellungsgespräch einzuladen)
A für action (die Einladung erteilen)

Ziel muss es sein, Aufmerksamkeit und Interesse (Neugierde und Hoffnung) zu wecken, um den Schritt »Einladung zum Vorstellungsgespräch« auszulösen. Stellen Sie alle wichtigen Argumente, die Sie vorzubringen haben (Können, Erfolge, Motivation, Persönlichkeit), in kurzer, komprimierter Form dar.

Je mehr Wertschätzung Sie Ihrem potenziellen Auftraggeber durch eine gründlich vorbereitete und durchdachte Bewerbung entgegenbringen, desto höher ist Ihre Chance, zum Vorstellungsgespräch eingeladen zu werden.

BEWERBUNG

Philipp Möller | Architekt (M.Sc.)

Ackerstr. 12 | 10179 Berlin | 0171 2998113
philipp.moeller@gmx.de
www.xing.com/profile/philipp_moeller

Profil

Studium der Architektur
Projektmanager (YLI AG)
Auslandsjahr in New York

 ▶ Kommentar Seite 31

Philipp Möller I Architekt (M.Sc.)

LEBENSLAUF

Persönliche Daten

Name: Philipp Möller
Geburtsdatum: 09.11.1990 in Wolfsburg
Familienstand: ledig
Reisebereitschaft: jederzeit

Berufspraxis

Seit 01/2016	Projektmanager YLI Architektur AG, Berlin ■ Eigenverantwortliche Projektplanung ■ Mitarbeit bei der Konzeption von Entwürfen ■ Koordination von externen Zulieferern ■ Austausch mit Behörden und Rechtsanwaltskanzleien
10/2015 I 12/2015	Praktikant Wagner Planung & Realisation GmbH, Frankfurt am Main ■ Recherche von gesetzlichen Vorgaben ■ Assistenz bei der Konzeption von Entwürfen ■ Präsentation vor der Geschäftsführung
07/2013 I 10/2013	Praktikant Weinstein I Wolters I Ziegler AG, München ■ Recherchen ■ Assistenz beim Projektmanagement ■ Mitarbeit bei der Konzeption

Ausbildung

2010 I 2015	Studium der Architektur Freie Universität Berlin ■ Schwerpunkt: Bauphysik von Industrieanlagen nach modernen ökologischen Standards ■ Bachelor of Engineering (B.Eng.) 2013 ■ Master of Science (M.Sc.) 2015
2009	Abitur Siemens Gymnasium, Berlin ■ Leistungskurse: Mathematik, Physik

Ackerstr. 12 | 10179 Berlin | 0171 2998113
philipp.moeller@gmx.de | www.xing.com/profile/philipp_moeller

Auslandserfahrung

2014	Work & Travel (2 Monate) Spanien ■ Aushilfe u. a. in einer Bauanlagen-Firma
2009 | 2010	Auslandsjahr New York (USA) ■ Hospitation in Architektur- und Designbüros ■ Besuch von Sprachkursen
2006 | 2009	Ferienreisen Europa, Asien, Amerika ■ Erweiterung der Fremdsprachenkenntnisse

Sonstiges

Besondere Stärke	Hohes Vorstellungsvermögen, verbunden mit einem geübtem Blick für erfolgsrelevante Details
Weiterbildungen	Projektmanagement (Schertel Akademie Potsdam, 2016) Business Spanisch (Lingua School Berlin, 2015)
IT	MS Office Mac, Windows CAD
Fremdsprachen	Englisch Spanisch
Mitgliedschaft	Verein Deutscher Architekten
Interessen	Fotografie (Historische Industriekomplexe) Marathonlauf (Teilnehmer New York Marathon) Ostasiatische Küche

Berlin, 01.03.2017 Philipp Möller

Anhang

Ackerstr. 12 | 10179 Berlin | 0171 2998113
philipp.moeller@gmx.de | www.xing.com/profile/philipp_moeller

Zu den Unterlagen von Philipp Möller, Architekt

Ein kurzer, freundlicher E-Mail-Text als **Anschreiben** (siehe unten), begleitet durch den Anhang eines dreiseitigen Lebenslaufes (Deckblatt, zwei Seiten Lebenslauf plus Anlagen mit den Zeugnissen des Bewerbers), präsentiert den jungen Architekten, der sich nach auffällig kurzer Zeit bereits für eine neue Position interessiert. Mit der Frage, wie das zu erklären ist, wird der Kandidat rechnen müssen und hat hoffentlich eine gute Erklärung parat. Eröffnet werden die Bewerbungsunterlagen im E-Mail-Anhang durch ein **Deckblatt**, das äußerst interessant gestaltet ist und bereits drei wichtige Highlights im Werdegang des jungen Architekten überzeugend präsentiert.

Der **Lebenslauf** ist optisch gut gestaltet, inhaltlich unspektakulär, kein Wunder – viel Erfahrung hat der junge Architekt noch nicht zu bieten, aber einen interessanten Ausbildungsgang schon. Nach dem Abitur hat er sich ein ganzes Jahr in New York aufgehalten und sich schon auf sein Fachgebiet vorbereitet. Zwei kürzere Praktika kann er neben der aktuellen Beschäftigung vorweisen. Geschickt hebt der Bewerber in der Rubrik »Sonstiges« eine besondere Stärke hervor und die Präsentation seiner Interessen weckt Neugier, sodass er im Vorstellungsgespräch wahrscheinlich danach gefragt wird. Insgesamt sind die Unterlagen gut gestaltet, optisch ansprechend präsentiert (z. B. die anschauliche Darstellung der IT- und Sprachkenntnisse) und punkten mit einem Deckblatt, das schon ein wenig auffällt – so hat der Kandidat sicherlich eine Chance, wahrgenommen zu werden.

Einschätzung

Die Kombination von Kurzanschreiben in der E-Mail und Lebenslauf mit Anlagen, insbesondere aber das Deckblattdesign überzeugen. Der Kandidat hätte aber seine Aufgaben während der drei bisherigen Berufsstationen etwas ausführlicher beschreiben können.

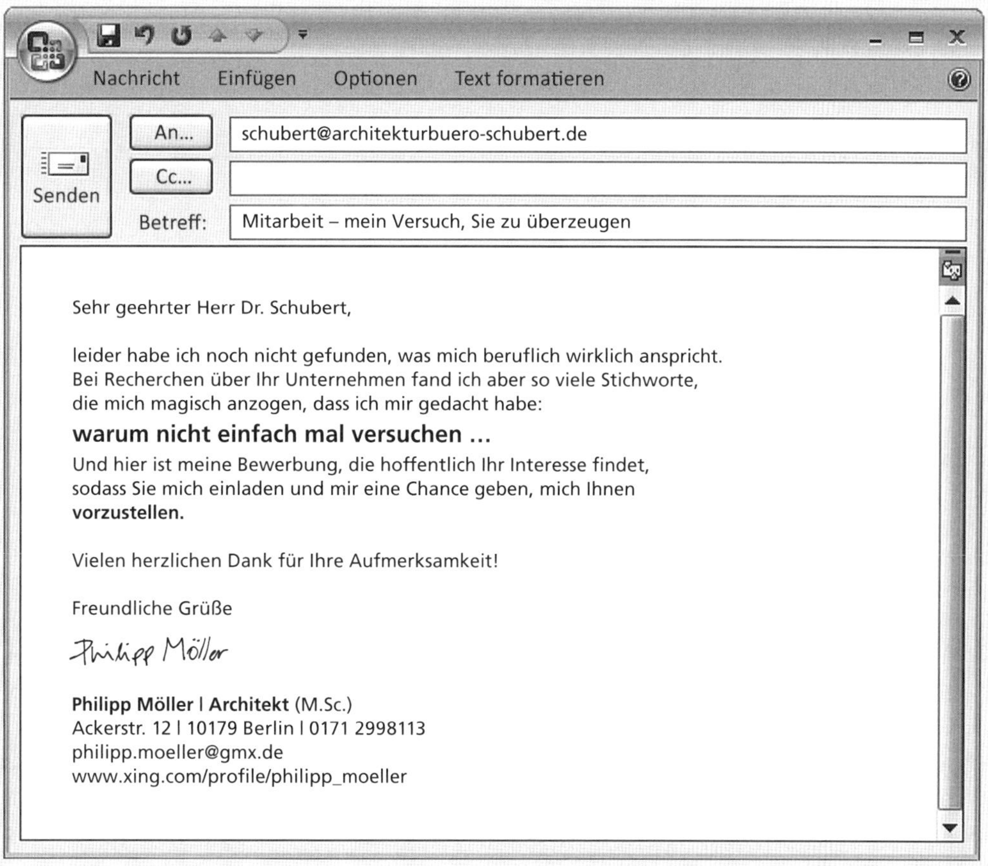

Sehr geehrter Herr Dr. Schubert,

leider habe ich noch nicht gefunden, was mich beruflich wirklich anspricht.
Bei Recherchen über Ihr Unternehmen fand ich aber so viele Stichworte,
die mich magisch anzogen, dass ich mir gedacht habe:

warum nicht einfach mal versuchen ...

Und hier ist meine Bewerbung, die hoffentlich Ihr Interesse findet,
sodass Sie mich einladen und mir eine Chance geben, mich Ihnen
vorzustellen.

Vielen herzlichen Dank für Ihre Aufmerksamkeit!

Freundliche Grüße

Philipp Möller

Philipp Möller I Architekt (M.Sc.)
Ackerstr. 12 I 10179 Berlin I 0171 2998113
philipp.moeller@gmx.de
www.xing.com/profile/philipp_moeller

5. Lektion Wie Sie Stellenanzeigen richtig einschätzen

Mit Stellenanzeigen, egal ob in den Printmedien oder im Internet, werben Unternehmen um Aufmerksamkeit und um Mithilfe bei der Lösung von Problemen. Beachten Sie auch die branchenspezifischen Fachpublikationen. Lassen Sie sich weder blenden noch zu schnell von Anzeigen und Anforderungen entmutigen. Hier gilt das Gleiche wie für Sie als Bewerber: Ein »schlechter« Text bedeutet nicht automatisch, dass die Firma bzw. die Aufgabe »schlecht« ist, und umgekehrt, ein »guter« Text ist keine Garantie, dass die Arbeitswirklichkeit auch »gut« ist.

Hilfreich als Faustregel: Wenn Sie mindestens 50 Prozent der genannten Anforderungen erfüllen, lohnt sich der Versuch, mit Ihrer Bewerbung zu überzeugen. Natürlich ist es besser, wenn Sie mehr erfüllen, aber auch dies ist kein Garant für eine Einladung.

Es hilft, zu ergründen, was der Stellenausschreiber wirklich möchte. Oftmals weiß er das aber selbst nicht ganz so genau. Ein Telefonat kann helfen.

Volle Kraft voraus oder auch mal Kurswechsel:

Bewerbungen von Angestellten und Fachkräften

Diese 13 Bewerber sind bereits berufserfahren und zeigen uns eine ganze Bandbreite, wie Bewerbungen komponiert werden und ausschauen können. Wir zeigen Bewerbungsbeispiele von einem/einer ...

1. Metzgereifachverkäuferin
2. Gas- und Wasserinstallateur
3. Altenpflegerin
4. Physiotherapeut
5. Automobilverkäuferin
6. Kfz-Mechaniker
7. Schneider aus Syrien
8. Kauffrau für Bürokommunikation
9. Dipl.-Ingenieur Stadt- und Regionalplanung
10. Dipl.-Kommunikationswirtin
11. Junior Test Engineer
12. Koordinatorin für Sprachreisen
13. Dipl.-Bibliothekarin

... die immer wieder anders gestaltet sind und neue frische bis sehr kreative Umsetzungsformen gefunden haben. Lassen Sie sich inspirieren.

Nachricht Einfügen Optionen Text formatieren

Senden

An... dobrosch@web.de

Cc...

Betreff: Bewerbung einer Fleischereifachverkäuferin

Sehr geehrte Frau Dobrosch,
sehr geehrter Herr Dobrosch,

ich bin ausgebildete Fachverkäuferin im Nahrungsmittelhandwerk (Fleischerei) mit jetzt über 11 Jahren Berufserfahrung und suche in den Bereichen Verkauf, Bedienung, Kasse einen neuen Arbeitsplatz.

Persönliche Daten: 27 Jahre jung, ledig, motiviert
Ausbildung: 09/2005 – 08/2008 Fleischerei Posch
in Faltzberg bei Saarbrücken, Ausbildungsnote: gut
Letzte Tätigkeit: Fleischerei Kaufland Saarbrücken
Dauer der Tätigkeit: 06/2015–06/2017 (befristet)
davor: Fleischereifachabteilung Karstadt, Saarbrücken
Dauer der Tätigkeit: 02/2010–05/2015
davor: in Schlossweg Metzgerei-Fachgeschäft
von 09/2008–01/2010
Ich suche: in Saarbrücken sowie 50 km Umkreis
Voll- oder auch gerne Teilzeit, Arbeitsbeginn sofort

Wenn Sie eine freundliche, flexible, kompetente und belastbare Mitarbeiterin in Ihrem Fachgeschäft suchen, möchte ich mich Ihnen gerne vorstellen und Ihnen vorab meine kompletten Bewerbungsunterlagen zusenden.

Haben Sie Fragen? Dann rufen Sie mich doch unter 0162 2324665 an.
Herzlichen Dank, ich freue mich, von Ihnen zu hören

Jessica Bulay

Jessica Bulay – Wiesengrund 14 – 66101 Saarbrücken
ausgebildete Fachverkäuferin im Nahrungsmittelhandwerk
(Fleischerei) mit 11-jähriger Berufserfahrung
Tel: 0162 232 4 665

Nachricht Einfügen Optionen Text formatieren

Senden

An... bender@supermarkt-kl.de

Cc...

Betreff: Unterstützung gesucht? Bewerbung einer Fachverkäuferin

Sehr geehrte Frau Bender,

als ausgebildete Fachverkäuferin im Nahrungsmittelhandwerk (Fleischerei) suche ich in den Bereichen Verkauf, Bedienung und Kasse einen Arbeitsplatz.

Meine Daten: 27 Jahre alt, ledig, mobil, flexibel!
Letzte Tätigkeit: Fleischerei Kaufland Saarbrücken

Im Anhang finden Sie meine Kurzbewerbung.
Gerne schicke ich Ihnen meine vollständigen Bewerbungsunterlagen zu.

Jessica Bulay

Wiesengrund 14, 66101 Saarbrücken, 0162 2324665

Jessica Bulay Kurzbewerbung

Jessica Bulay – Wiesengrund 14 – 66101 Saarbrücken – **Tel. 0162 232 4 665**

Fachverkäuferin im Nahrungsmittelhandwerk (Fleischerei)

Saarbrücken, 21.06.2017

Sehr geehrte Frau Bender,

Sie suchen eine freundliche, flexible, kompetente und belastbare Mitarbeiterin?
Dann möchte ich mich Ihnen gerne persönlich vorstellen.

Mein Ziel: Als ausgebildete FV im Nahrungsmittelhandwerk (Fleischerei) suche ich in den Bereichen Bedienen, Verkaufen, Kassieren einen neuen Arbeitsplatz und eine Aufgabe, die mich echt fordert.

Persönliche Daten:	27 Jahre alt, ledig, sehr engagiert und flexibel
Berufsfeld:	Nahrungsmittelhandwerk / Verkauf
Ausbildung:	09.2005 – 08.2008 Fleischerei Posch in Faltzberg bei Saarbrücken, Ausbildungsnote: gut
Höchster Abschluss:	Fachverkäuferin im Nahrungsmittelhandwerk (Fleischerei)
Schulausbildung:	erweiterter Hauptschulabschluss, Durchschnittsnote: 2,1
Ort der Tätigkeit:	Saarbrücken sowie 50 Kilometer Umkreis
Art der Tätigkeit:	Vollzeit, Teilzeit
Arbeitsbeginn:	ab sofort
Letzte Tätigkeit:	Fachverkäuferin im Nahrungsmittelhandwerk (Fleischerei) bei der Firma Kaufland Saarbrücken Dauer der Tätigkeit: 06/2015 – 06/2017 (befristet)

Gerne sende ich Ihnen auf Wunsch meine komplette Bewerbungsmappe zu.

Zu den Unterlagen von Jessica Bulay, Fachverkäuferin

Kommentar zur Mail-Variante 1

Diese E-Mail-Kurzbewerbung enthält in vier kurzen Blöcken eine Kombination von Anschreibentext und ein paar Lebenslaufdaten, die sicherlich etwas besser geordnet sein könnten. Als Mail zur ersten Kontaktaufnahme kommt sie sehr gut ohne einen Anhang aus.

Die Betreffzeile wirkt ordentlich und sachlich. Die Anrede erfolgt namentlich – so soll es sein! Auch der Start ist gut getextet und bringt die Qualifikation der Bewerberin auf den Punkt. So weckt sie sicherlich Interesse. Der Abschluss ist sehr schön getextet mit ansprechender Aufforderung zum Anruf. Schließlich nutzt die Bewerberin den Abbinder geschickt für Eigenwerbung!

Kommentar zur Mail-Variante 2

In drei kurzen Blöcken transportiert dieser Mail-Text schnell das Wichtigste und entfaltet, nicht zuletzt durch die gezielte Fettung einer ganzen Zeile, einen informativen Eindruck. Bedenken Sie aber, dass nicht garantiert ist, dass solche Formatierungen auch so beim Empfänger ankommen (ist abhängig von E-Mail-Programm und Einstellungen). Der Anhang enthält die Kurzbewerbung der Kandidatin (Seite 35).

Die E-Mail-Betreffzeile ist ansprechend getextet, auch die Anrede in namentlicher Form trägt zum gelungenen Start bei. Der Mail-Text an sich macht neugierig auf die Bewerberin und ist gut lesbar. Der Abschluss ist solide und überzeugend getextet, auch der Abbinder kann sich sehen lassen.

Kommentar zur Kurzbewerbung

Im Anhang befindet sich eine Art Kurzbewerbung: Eine Kombination aus Anschreiben mit Lebenslaufdaten plus Foto (bloß nicht darauf verzichten!) lässt den eiligen Leser doch einen kleinen Moment innehalten und genauer hinschauen. Und schon ist erzielt, was ja für die Bewerberin ganz wichtig ist: Aufmerksamkeit!

Natürlich ist dieser Dateianhang gar nicht so viel anders als der Text in der ersten Mail-Variante, aber die Anhang-Variante bietet natürlich wesentlich mehr Gestaltungsmöglichkeiten. Alles Wichtige wird in ansprechender Form vorgetragen und so kann sich der Leser kaum des Eindruckes entziehen, dass sich hier eine interessante, vielversprechende Fachkraft bewirbt. Ergo: einladen!

Einschätzung

Sehr kompaktes, überzeugendes Kurzbewerbungsbeispiel!

6. Lektion — Ihr Foto hat eine enorm wichtige Funktion

Es ist der klassische Sympathieträger, ein Hauptargument in Sachen »Persönlichkeit« (und Vertrauensaufbau), mit dem Sie die »Auswahlkommission« auf Ihre Seite ziehen können. Zu jeder guten Bewerbung gehört also unbedingt ein gutes, sympathisches, vertrauenerweckendes Foto. Wer damit Sympathie mobilisieren kann, hat einfach die besseren Chancen. Aus Sympathie entsteht Vertrauen und daraus das notwendige Zutrauen in Ihre Person (und Problemlösungstätigkeit!).

Investieren Sie in einen guten Fotografen! Auch wenn es ohne Foto geht – mit einem guten Foto geht es viel besser! Hier zu sparen rächt sich und kostet ...

Doran Demdic
Badstr. 19
13357 Berlin
Tel. 030 773448
E-Mail: doran.demdic@gmx.de

August-Müller-GmbH
Müllerstr. 30
13353 Berlin

Berlin, 18.04.17

Bewerbung als Gas- und Wasserinstallateur
Ihre Stellenausschreibung in der Berliner Morgenpost vom 10.04.17

Sehr geehrter Herr Müller,

vielen Dank, dass Sie sich gestern spontan Zeit für ein persönliches Gespräch genommen haben. Es hat mein Interesse an der Stelle noch verstärkt.
Wie besprochen schicke ich Ihnen meinen Lebenslauf, ein Foto und Zeugnisse.

Meine Berufspraxis als Gas- und Wasserinstallateur umfasst einschließlich meiner Ausbildung 12 Jahre bei zwei Firmen, von denen die letzte in Konkurs ging.
Seit zwei Jahren bin ich mit Reparaturaufgaben in der Nachbarschaftshilfe tätig – es gibt fast nichts, was ich nicht repariere. Meine „Kunden" sind mit dem Ergebnis und meinem Service sehr zufrieden! In meiner gesamten Berufspraxis hatte ich Umgang mit verschiedenen Kulturkreisen, vor allem mit Polen und „Jugoslawen".

Selbstverständlich arbeite ich für den Notdienst auch am Abend und Wochenende.
Ich freue mich sehr darauf, ein weiteres Gespräch mit Ihnen zu führen.

Mit freundlichen Grüßen

Doran Demdic

Anlagen

Lebenslauf

Persönliche Angaben

Name: Doran Demdic
Adresse: Badstr. 19, 13357 Berlin, Tel. 030 773448
E-Mail: doran.demdic@gmx.de
Geburt: 09.09.1986 in Belgrad, Serbien
Familienstand: verheiratet, 3 Kinder
Staatsangehörigkeit: deutsch

Schul- und Berufsausbildung

1992 - 1998	Grundschule in Belgrad
1998 - 2003	Erich-Kästner-Realschule, Berlin (Hauptschulabschluss)
2003 - 2006	Firma Ivanovic, Berlin; Ausbildung zum Gas- und Wasserinstallateur

Berufspraxis

10/2006 - 12/2009	Firma Ivanovic, Berlin Einsatzschwerpunkte: Montage von Heizkörpern
01/2010 - 12/2014	Firma Ruchus, Berlin Einsatzschwerpunkte: Beseitigung von Rohrverstopfungen, Abdichtung von Rohren, Armaturen etc.
Seit 01/2015	Sanitär-Reparaturen und andere handwerkliche Tätigkeiten im Rahmen der Nachbarschaftshilfe, vor allem im Familien- und Bekanntenkreis Unterstützung des als Hausmeister tätigen Bruders

Fortbildungen

11/2008	Handwerkskammer Berlin Schweißerlehrgang, Aufbaukurs
03/2015	Firma Allas, Berlin PC-Grund- und Aufbaukurs
09/2016	Gögas GmbH, Berlin PC-Tabellenkalkulation

Doran Demdic – Badstraße 19 – 13357 Berlin – Tel. 030 773448

Kenntnisse und Fähigkeiten

PC-Kenntnisse: MS Office mit Word und Excel

Sprachkenntnisse: fließend Serbokroatisch und Deutsch

Interkulturelle Erfahrungen im Umgang mit Menschen verschiedener Herkunft, vor allem aus Polen und vom Balkan

Führerschein Klasse B

Handwerkliche Universalfähigkeiten, auch Maurer-, Maler- und Tischlerarbeiten

Interessen

Ich treibe aktiv Sport, Marathonlauf und lange Spaziergänge mit meinem Hund

Berlin, 18.04.17

Doran Demdic

Zu den Unterlagen von Doran Demdic, Gas- und Wasserinstallateur

Die Stellenausschreibung in der *Berliner Morgenpost* lautete:

August-Müller-GmbH – Gas, Wasser, Sanitär

Im Rahmen der Hausmeisterfunktion für vier Wohnblocks in Berlin-Mitte suchen wir einen jungen, erfahrenen Gas- und Wasserinstallateur zur Ausführung aller Reparatur- und Installationsarbeiten.

Wir erwarten:

- Abgeschlossene Berufsausbildung
- Mehrjährige Berufserfahrung
- Freundliches Auftreten, Kundenorientierung
- Bereitschaft zum Notdienst an Abenden und Wochenenden
- Erwünscht sind interkulturelle Erfahrungen, russische, polnische oder serbokroatische Sprachkenntnisse sowie grundlegende PC-Kenntnisse

Bewerbungen an: August-Müller-GmbH, Müllerstr. 30, 13353 Berlin

Das **Anschreiben** ist einfach, aber übersichtlich gestaltet. Briefkopf, Datum und Betreffzeile genügen den Anforderungen. Doran Demdic hat sich nicht nur nach dem Ansprechpartner erkundigt, sondern, wie wir gleich zu Beginn lesen, sogar einen ersten spontanen Besuch gemacht, der sein Interesse verstärkt hat. Daher kann sein Anschreiben kurz ausfallen. Er beschreibt seine Berufspraxis und erfolgreiche »Nachbarschaftshilfe« und erklärt seine Bereitschaft zu flexiblen Arbeitszeiten.

Der **Lebenslauf** macht einen übersichtlichen, strukturierten Eindruck, beginnend mit den persönlichen Angaben. Das freundliche Foto weckt Interesse und Sympathie. Die folgenden Angaben beginnen mit den älteren Daten, also der Schule, da die neuesten (die Nachbarschaftshilfe, im Klartext Arbeitslosigkeit) natürlich einen weniger guten Eindruck machen als eine Anstellung, obwohl auch sie wertvolle Erfahrungen mit sich bringen. In diesem Lebenslauf sind alle notwendigen zeitlichen und örtlichen Angaben enthalten. Gut, dass Doran Demdic die Arbeitsschwerpunkte seiner letzten Stelle angibt und erwähnt, dass er seinen als Hausmeister tätigen Bruder unterstützt – das zeugt davon, dass er weiß, was auf ihn zukommt. Bei den Fortbildungen vergisst er nicht den Schweißlehrgang, auch wenn er schon länger zurückliegt, und benennt präzise seine absolvierten PC-Kurse. Die Rubrik »Kenntnisse und Fähigkeiten« fasst alle seine Kompetenzen noch einmal auf einen Blick zusammen und geht so sehr überzeugend auf die Anforderungen der Stellenanzeige ein. Seine interkulturellen Erfahrungen und serbokroatischen Sprachkenntnisse nimmt man ihm ohne Weiteres ab, ebenso das handwerkliche Allroundtalent. Auch die nun angegebenen Hobbys wirken positiv und beeinflussen das Gesamtbild des Bewerbers in die gewünschte Richtung.

Einschätzung

Mit einem guten Anschreiben und einem schönen, zweiseitigen Lebenslauf, einem ansprechenden Foto und sympathischen Freizeitbeschäftigungen hat uns Doran Demdic überzeugend vorgeführt, was es bedeutet, erfolgreiche Werbung in eigener Sache zu machen.

Das ist ein wirklich gelungener »Werbeprospekt«. Diese Unterlagen machen neugierig auf den Bewerber, und das führt zu einer Einladung. Genau darauf kommt es an. Mit seiner Bewerbung hat unser Kandidat …

- sein Können (generell und fachlich, Weiterbildung, Sprachkenntnisse),
- seine Leistungsbereitschaft (sehr gute, saubere Bewerbungsunterlagen als »Arbeitsprobe«, Marathon) und
- seine Wesensart (helfen, Marathon, Spaziergänge mit dem Hund)

… für den Leser schlicht, aber ansprechend rübergebracht. Die Herausforderung ist, sich überzeugende Botschaften zu überlegen und diese zu vermitteln. Und diese Herausforderung können und sollten auch Sie meistern.

Taya Ojok
Bahnhofstraße 17
63303 Dreieich
Tel.: 06707 87934
E-Mail: taya.ojok@freenet.de

Franz-von-Assisi-Wohnstift
Frau Charlotte Köster
Kurparkstraße 4
63619 Bad Orb

Dreieich, 13.03.2017

Initiativbewerbung als Altenpflegerin

Sehr geehrte Frau Köster,

der ansprechende Internetauftritt und ein Besuch in Ihrem Wohnstift haben mir eine lebendige Vorstellung von Ihrem Wirken verschafft. Es reizt mich daher sehr, als Altenpflegerin bei Ihnen tätig zu werden. Mein Spezialgebiet ist die Betreuung von alten Menschen, die an Demenz erkrankt sind.

Zu meinem beruflichen Hintergrund: Ich habe 14 Jahre lang als Zahnarzthelferin bei Ärzten und in Kliniken gearbeitet. Um meine beruflichen Möglichkeiten zu erweitern, erwarb ich meine zweite Qualifikation als Altenpflegerin. Schon vor und während der Ausbildung sammelte ich – neben meinem Praktikum in einem Hospiz – praktische Erfahrungen im neuen Beruf als ehrenamtliche Betreuerin alter Menschen.

Bad Orb ist mir als Urlaubsort meiner Kindheit in sehr angenehmer Erinnerung. Ich freue mich auf ein persönliches Gespräch mit Ihnen.

Mit freundlichen Grüßen

Taya Ojok

Anlagen

Taya Ojok
Bahnhofstraße 17
63303 Dreieich
Tel.: 06707 87934
E-Mail: taya.ojok@freenet.de

Was ich Ihnen zu bieten habe …

- Ausbildung als staatlich geprüfte Altenpflegerin
- Erfahrung mit der Pflege alter Menschen in Kliniken und im familiären Umfeld
- langjährige Berufserfahrung im medizinischen Bereich
- engagierte Pflege und Motivierung alter und gebrechlicher Menschen
- Spezialisierung sowie besonderes Interesse: Pflege von Demenzkranken
- Einfühlungs- und Kommunikationsvermögen
- Kooperationsbereitschaft und Organisationsfähigkeit
- Bereitschaft, kurzfristig und flexibel zur Verfügung zu stehen
- interkulturelle Kompetenz und perfekte Englischkenntnisse

 ▸ Kommentar Seite 45

Lebenslauf

Taya Ojok

geboren am 05.04.1979 in Tamale, Ghana

aufgewachsen in Frankfurt am Main und Heidelberg

unverheiratet, keine Kinder; ortsungebunden

Berufsausbildungen

05/2015 bis 03/2017	Altenpflegeschule Frankfurt Umschulung „Staatlich anerkannte Altenpflegerin“ (Praktikum: Geriatrie-Krankenhaus Thomasius, Darmstadt)
08/1996 bis 07/1999	Zahnarztpraxis Dr. Körber, Heidelberg Ausbildung: „Zahnarzthelferin“

Berufspraxis als Zahnarzthelferin

2007 bis 2014	Zahnklinik Dahlem, Frankfurt am Main Schwerpunkte: Praxis-Organisation des Arbeitsablaufs; Anleitung der Helferinnen
2005 bis 2007	Zahnarztpraxis Dr. Franke, Dr. König, Würzburg Schwerpunkt: Aufbau der Zahnarztpraxis
2000 bis 2005	Zahnarztpraxis Dr. Schiller, Heidelberg

Schulausbildungen

1989 bis 1996	Realschule in Heidelberg
1985 bis 1989	Grundschule in Frankfurt am Main

Hobbys, Auslandsaufenthalt und Sprachkenntnisse

Chorsingen, Klarinette

ehrenamtliche Altenbetreuerin des diakonischen Werkes

Au-pair-Aufenthalt in den USA (1999 – 2000)

perfekte Deutschkenntnisse (seit dem 4. Lebensjahr in Deutschland lebend)

Englisch und Dagbani fließend

Ich stehe für Fachkompetenz, Flexibilität, Freundlichkeit, Einfühlungsvermögen und Geduld. Meine Berufspraxis und Lebenserfahrung haben mich gelehrt, dass man sich nicht entmutigen lassen darf – Ausdauer wird irgendwann belohnt!

Dreieich, 13.03.2017

Taya Ojok

Zu den Unterlagen von Taya Ojok, Altenpflegerin

Taya Ojok wartet nicht, bis eine für sie passende Stelle ausgeschrieben wird: Sie schreibt eine Initiativbewerbung. Auf diese Weise muss sie nicht mit unzähligen anderen Bewerbern in Konkurrenz treten. Es besteht natürlich die Möglichkeit, dass keine Stelle frei ist. Deshalb erfordert die Initiativbewerbung eine besonders gute Begründung und Ausführung – so überlegt sich der eine oder andere Personalchef vielleicht doch, dass die Bewerberin ganz gut in sein Unternehmen passen könnte.

Der Bewerberin ist es gelungen, den Text des **Anschreibens** deutlich auf das Wesentliche zu reduzieren und ihn gut zu gliedern. Sie hat ihren Namen hervorgehoben und die üblichen Angaben daruntergesetzt, inklusive ihrer E-Mail-Adresse. Die Betreffzeile findet die Aufmerksamkeit des Lesers. Die Bewerberin hat den Namen der Ansprechpartnerin – vermutlich mittels Internet – herausgefunden und lobt diese Informationsquelle geschickt im ersten Absatz. Sie weist auf ihr Spezialgebiet hin, die Pflege von Demenzkranken. Anschließend fasst sie die wesentlichen Aspekte ihrer Qualifikation und Praxiserfahrung zusammen. Im abschließenden Satz bringt sie in angemessener Weise ihr Interesse am Kurort zum Ausdruck. So eine kleine Schmeichelei, ein nettes Kompliment kann durchaus etwas bewirken.

Taya Ojok hat ihrem **Lebenslauf** ein **Deckblatt** vorangestellt, das ein interessantes **Foto** von ihr mit einem leichten Anschnitt enthält. Die Liste fasst zusammen, was sie dem Wohnstift an Qualifikation, Praxis und sozialen Kompetenzen zu bieten hat – so beweist sie Selbstbewusstsein und Kreativität. Da wir auf dieser Seite schon ihre vollständige Adresse mit allen Kontaktmöglichkeiten finden, ist es in Ordnung, dass sie auf den beiden Seiten des Lebenslaufes nicht nochmals aufgeführt wird. Zusätzlich zum Geburtsort führt die Bewerberin an, dass sie in Deutschland aufgewachsen ist. So entstehen trotz des ausländischen Namens und Aussehens keine Zweifel an ihren Deutschkenntnissen.

Ihren beruflichen Werdegang ordnet sie nach dem amerikanischen System: das Aktuelle, in diesem Fall Wichtige, zuerst. Das ist durchaus sinnvoll, denn zur Beurteilung der beruflichen Kompetenz sind die letzte und vorletzte Station immer von ganz entscheidender Wichtigkeit. Sie schließt hier aber auch ihre Ausbildung zur Zahnarzthelferin ein, weil diese in die gleiche berufliche Kategorie gehört. Bei allen Daten gibt sie die Jahreszahlen vollständig an, ergänzt jedoch die Monate nur in der ersten Kategorie, wodurch bei den folgenden die Lücken unerkannt bleiben. Sehr geschickt! Bei ihrer Berufspraxis als Zahnarzthelferin führt sie Schwerpunkte auf. Hobbys, Ehrenamt sowie Sprachkenntnisse sind auf der zweiten Seite zusammengefasst.

Ort, Datum und Unterschrift sind so, wie sie sein sollten. Besonders überzeugend wirkt der hervorgehobene Absatz »Ich stehe für …«, mit dem Taya Ojok nochmals betont, was sie auszeichnet, und ihr Lebensmotto darstellt. Im hier nicht gezeigten Anlagenverzeichnis finden sich übersichtlich alle wichtigen Ausbildungs- und Arbeitszeugnisse. So kann der Empfänger auf einen Blick erfassen, was für ihn von Interesse ist. Das erhöht die Bereitschaft, sich mit den Unterlagen zu beschäftigen!

Einschätzung

Mit dieser Bewerbung wird Taya Ojok sicher unter vielen Kandidaten ausgewählt. Die Praxis hat es längst bewiesen.

Nachricht Einfügen Optionen Text formatieren

Senden

An... ebersbach@physio-augustapark.de

Cc...

Betreff: Anzeige in *Physiotherapie heute*, 1 2017

Sehr geehrte Frau Ebersbach,

als Physiotherapeut möchte ich Ihr Team unterstützen und meine beruflichen Erfahrungen einbringen.
Zurzeit arbeite ich in der Aphrodite-Klinik.
Die Behandlung von chronischen Schmerzpatienten stellte und stellt für mich schon immer eine besonders reizvolle Aufgabe und Herausforderung dar.
Bitte entnehmen Sie alle weiteren Informationen der beigefügten Datei (Anschreiben/Lebenslauf).

Mit besten Grüßen

Jan Wagner
Physiotherapeut
• Jan Wagner • Charlottenstraße 23 • 72070 Tübingen
• Tel.: 07071 245876 • E-Mail: JanWagner@web.de

PDF Jan Wagner Bewerbungsunterlagen

Nachricht Einfügen Optionen Text formatieren

Senden

An... ebersbach@physio-augustapark.de

Cc...

Betreff: Anzeige in *Physiotherapie heute*, 1 2017 – Meine Bewerbung

Sehr geehrte Frau Ebersbach,

<u>als Physiotherapeut</u> möchte ich Ihr Team unterstützen. Es reizt mich sehr, nach dem Klinikalltag wieder in einer Praxis für Physiotherapie zu arbeiten, da ich diese Arbeitsatmosphäre bevorzuge.
Ich mag es, wenn es viel zu tun gibt und evtl. ein wenig turbulenter zugeht. Gleichzeitig schätze ich es sehr, in einem kleineren, überschaubaren Team zusammenzuarbeiten und einen festen Patientenstamm zu betreuen.
Ich verfüge über ein Zertifikat in Manueller Therapie und die Behandlung von chronischen Schmerzpatienten stellte schon immer für mich eine sehr reizvolle Aufgabe und Herausforderung dar.
Zurzeit arbeite ich in der Aphrodite-Klinik.
2002 habe ich an der Physiotherapie Akademie Tübingen meine Ausbildung mit dem Schwerpunkt Schmerztherapie abgeschlossen (Note: sehr gut).

<u>Meinem beigefügten Lebenslauf</u> können Sie entnehmen, dass mich eine hohe Weiterbildungsbereitschaft auszeichnet. Mit der Software PraxWin bin ich bereits gut vertraut.
Ich stehe Ihnen gerne für Fragen auch vorab telefonisch jederzeit zur Verfügung und grüße Sie

Jan Wagner
Physiotherapeut
• Jan Wagner • Charlottenstraße 23 • 72070 Tübingen
• Tel.: 07071 245876 • E-Mail: JanWagner@web.de

PDF Jan Wagner Lebenslauf

Physiotherapeutische Praxis
am Augustapark
Frau Ebersbach
Storlachstraße 24
72760 Reutlingen

Tübingen, 23.02.2017

Ihre Stellenanzeige in der Zeitschrift *Physiotherapie heute*, Heft 1, 2017

Sehr geehrte Frau Ebersbach,

vielen Dank für das gestrige freundliche und informative Gespräch.
Mir haben die offene und gute Gesprächsatmosphäre sowie Ihre Ausführungen über Ihre Praxis außerordentlich gefallen. Sehr gern möchte ich als Physiotherapeut Ihr Team unterstützen und meine besonderen beruflichen Erfahrungen einbringen.

Zurzeit arbeite ich als Physiotherapeut in der Aphrodite-Klinik.
Es reizt mich sehr, nach dem Klinikalltag wieder in einer Praxis für Physiotherapie zu arbeiten, da ich diese Arbeitsatmosphäre bevorzuge. Ich mag es, wenn es viel zu tun gibt, auch wenn es ein wenig turbulenter zugeht. Gleichzeitig schätze ich es sehr, in einem kleineren, überschaubaren Team zusammenzuarbeiten und einen festen Patientenstamm zu betreuen.

Das von Ihnen gewünschte Zertifikat in Manueller Therapie bringe ich mit.
Ich habe bei meiner Anstellung in einer Physiotherapiepraxis diese Behandlung bereits häufig angewendet und stets gute Ergebnisse erzielt.

Gerade auch die Behandlung von chronischen Schmerzpatienten stellte und stellt schon immer für mich eine besonders reizvolle Aufgabe und Herausforderung dar.

Die Schmerzphysiotherapie nach dem Neuro-Medizin-Konzept ist mir zwar leider nur durch einen Fachartikel von Norbert Müller ein Begriff. Ich würde sie aber sehr gern erlernen genauso wie die Cranio-Sacral-Therapie, die ich über Kollegen bereits kennengelernt habe.

Wie Sie meinem Lebenslauf entnehmen können, zeichne ich mich durch eine sehr hohe Lern- und Weiterbildungsbereitschaft aus. Mit der bei Ihnen eingesetzten Software PraxWin, die ich während meiner Zeit im Gesundheitszentrum Mühlenbeck in Tübingen benutzt habe, bin ich bereits bestens vertraut.

Ich freue mich auf Ihre Einladung.

Mit freundlichen Grüßen

Anlagen

Jan Wagner ▪ Charlottenstraße 23 ▪ 72070 Tübingen ▪ Tel.: 07071 245876 ▪ E-Mail: JanWagner@web.de

Jan Wagner
Charlottenstraße 23
72070 Tübingen

Tel.: 07071 245876
E-Mail: JanWagner@web.de

Bewerbung als
Physiotherapeut bei der

PHYSIOTHERAPEUTISCHEN
PRAXIS AM AUGUSTAPARK

Jan Wagner ▪ Charlottenstraße 23 ▪ 72070 Tübingen ▪ Tel.: 07071 245876 ▪ E-Mail: JanWagner@web.de

Persönliche Daten

Jan Wagner, geboren am 15.01.1983 in Nagold
verheiratet, ein Sohn, 9 Jahre alt

LEBENSLAUF

Berufspraxis

Seit 07/2010
Aphrodite-Klinik, Tübingen

Betreuung von Klinik-Patienten und -Patientinnen zur Rehabilitation

Schwerpunkte: Orthopädie, Neurologie, Gynäkologie, Urologie, Schmerzpatienten

Behandlungsmethoden: Physiotherapie, Bewegungstherapie, Manuelle Therapie, Manuelle Lymphdrainage, Bobath, Rückenschulung, Dorn-Methode, Elektrotherapie, Beckenbodentraining

01/2010 bis 06/2010
Berufliche Neuorientierungsphase und Praktikum an der Aphrodite-Klinik, Tübingen

01/2009 bis 12/2009
Weltreise mit meiner Frau und unserem Sohn

04/2005 bis 12/2008
Praxis für Physiotherapie Schneider, Tübingen

Patientenbetreuung in der Praxis, im Seniorenheim und in einer Behindertenwerkstatt

Schwerpunkte: Orthopädie und Neurologie

Behandlungsmethoden: Physiotherapie, Bewegungstherapie, Manuelle Therapie, Manuelle Lymphdrainage, Massagetherapie, Elektrotherapie, Entspannungstechniken

06/2002 bis 03/2005
Gesundheitszentrum Mühlenbeck, Tübingen

Betreuung von Patienten in der Praxis zur Prävention und Rehabilitation

Schwerpunkt: Orthopädie

Behandlungsmethoden: Physiotherapie, Bewegungstherapie, Massagetherapie, Elektrotherapie, Entspannungstechniken

Jan Wagner ▪ Charlottenstraße 23 ▪ 72070 Tübingen ▪ Tel.: 07071 245876 ▪ E-Mail: JanWagner@web.de

Berufliche Fortbildungen

04.2014
Dorn-Methode – die sanfte Hilfe für den Rücken
Filbinger Akademie für Physiotherapeuten, Tübingen

09.2012
Hallux Valgus – Akrodynamische Therapie
Physiotherapeutenschule am Neubiberg, Tübingen

01.2011
Yoga für den Rücken
Filbinger Akademie für Physiotherapeuten, Tübingen

03.2010
Rückenschullehrerlizenz
Deutscher Verband für Physiotherapie, Landesverband Baden-Württemberg, Reutlingen

08/2008 bis 10/2008
Bobath-Zertifikatskurs
Deutscher Verband für Physiotherapie, Landesverband Baden-Württemberg, Reutlingen

04/2006 bis 06/2006
Zusatzqualifikation Manuelle Lymphdrainage
Schöller Akademie, Tübingen

01/2003 bis 01/2005
Zusatzqualifikation Manuelle Therapie
Schöller Akademie, Tübingen

10.2002
Schulter – komplexes therapeutisches Beschwerdebild
Physiotherapeutenschule am Neubiberg, Tübingen

Jan Wagner ▪ Charlottenstraße 23 ▪ 72070 Tübingen ▪ Tel.: 07071 245876 ▪ E-Mail: JanWagner@web.de

Berufliche Ausbildung

10/1999 bis 04/2002
Ausbildung zum staatlich anerkannten Physiotherapeuten
Physiotherapie Akademie, Tübingen
Schwerpunkt Schmerztherapie
Abschlussarbeit zum Thema Schmerztherapie und Heilung
Abschlussnote: sehr gut

Schulausbildung

30.06.1999
Mittlere Reife
Albert-Schweitzer-Realschule, Tübingen

Sonstige Kenntnisse

Fundierte Kenntnisse in der Terminplanungs- und Abrechnungs-Software „Adebas“, „PraxWin“ und „Theorg“

Führerschein Klasse B

Freizeitinteressen

Tai Chi, Nordic Walking, Angeln

Tübingen, 23.02.2017 Jan Wagner

Mein Arbeitsstil ist geprägt durch

- die Freude, Menschen motivieren und einfühlsam behandeln zu können und sie möglichst weitestgehend und nachhaltig von Schmerzen zu befreien
- großes Verantwortungsbewusstsein im Umgang mit den mir anvertrauten Patienten
- das Streben nach optimaler physiotherapeutischer Versorgung zur größtmöglichen Zufriedenheit für meine Patienten

Jan Wagner ▪ Charlottenstraße 23 ▪ 72070 Tübingen ▪ Tel.: 07071 245876 ▪ E-Mail: JanWagner@web.de

Zu den Unterlagen von Jan Wagner, Physiotherapeut

Die Stellenanzeige in der Zeitschrift *Physiotherapie* lautete:

Zur Verstärkung unseres Kollegiums suchen wir zum 1.4.2017 in Vollzeit

eine Physiotherapeutin oder einen Physiotherapeuten mit der Zusatzqualifikation Manuelle Therapie

Wir sind eine physiotherapeutische Praxis, die 2009 gegründet wurde. Zurzeit arbeiten wir mit acht Therapeuten und Therapeutinnen auf ca. 180 m^2. Wir behandeln hauptsächlich orthopädisch, chirurgisch, internistisch und neurologisch erkrankte Jugendliche und Erwachsene in der Praxis und als Hausbesuch. Die Behandlung von chronischen Schmerzpatienten ist auch ein großes Aufgabengebiet.

Ihr Profil:

- abgeschlossene Berufsausbildung als Physiotherapeut/-in
- mehrere Jahre Berufserfahrung
- Zusatzqualifikation in der Manuellen Therapie, wünschenswert auch in der Schmerzphysiotherapie nach dem Neuro-Medizin-Konzept und Cranio-Sacral-Therapie
- großes Engagement und Lernbereitschaft
- hohes Verantwortungsbewusstsein und Zuverlässigkeit
- gute Teamfähigkeit und Kommunikationskompetenz
- Erfahrung in der Abrechnungssoftware PraxWin

Können Sie sich vorstellen, bei uns zu arbeiten? Wir freuen uns auf Ihre aussagekräftige Bewerbung, die Sie uns bitte bis zum 01.03.2017 an folgende Adresse zusenden: **Physiotherapeutische Praxis am Augustapark, Frau Ebersbach, Storlachstraße 24, 72760 Reutlingen.** Gern auch per E-Mail an: **ebersbach@physio-augustapark.de**

Kommentar zur Mail-Variante 1

Diese kurze Mail zur Ankündigung der Bewerbungsunterlagen (Anschreiben und Lebenslauf im Anhang, siehe Seite 47 ff.) ist trotz ihrer Kürze absolut informativ. Der Betreffzeilentext ist dabei unspektakulär, klassisch, aber vollkommen ausreichend. Nach der namentlichen Anrede geht es ansprechend, überhaupt nicht floskelhaft weiter. Der Text macht neugierig auf mehr. Die Signatur ist ästhetisch gestaltet – besser wäre natürlich noch, die Unterschrift einzuscannen.

Kommentar zur Mail-Variante 2

Hier hat sich der Bewerber entschieden, nur den Lebenslauf anzuhängen und das Anschreiben direkt in der E-Mail zu platzieren. Das Anschreiben ist interessant gestaltet mit sparsamen Fettungen und wenigen Unterstreichungen (siehe hierzu Seite 7).

Auch hier ist die Betreffzeile nicht außergewöhnlich, aber unmissverständlich und erfüllt damit ihren Zweck. Der dann folgende Text entspricht einem klassischen Anschreiben: Der Bewerber stellt sich und seine Ausgangsposition kurz vor und begründet seine Motivation, die ausgeschriebene Stelle anzutreten. Es gelingt ihm, auf die Anforderungen aus der Stellenanzeige, die er erfüllt, überzeugend einzugehen, ohne dabei die Formulierungen aus der Anzeige wortwörtlich zu wiederholen. Gut gemacht!

Kommentar zu den Bewerbungsunterlagen

Das **Anschreiben**, das alle notwendigen Angaben enthält, ist gut strukturiert und von der Zeilenführung her vorbildlich. Beim Zeilenumbruch wird immer der Sinn berücksichtigt, was das Lesen und Aufnehmen erleichtert. Die wichtigsten Sätze sind durch Fettschrift hervorgehoben. Für das Anschriftenfeld hat der Bewerber eine ungewöhnliche Stelle gewählt. Das entspricht nicht ganz der DIN-Norm, man darf aber auch mal aus dem Rahmen fallen – schließlich bewirbt sich dieser Kandidat nicht für einen Bürojob. In einer Fußzeile finden wir Namen und Adresse des Kandidaten. Wir sehen, dass der Bewerber mit der Arbeitgeberin vorab telefoniert hat, denn er lobt am Anfang des Anschreibens geschickt die offene und gute Gesprächsatmosphäre. Ein sympathischer Auftakt! Danach stellt er sich vor und schildert seine Motive für die Bewerbung. Im Anschluss geht er überzeugend auf die Aufgaben und Anforderungen der Stellenanzeige ein. Schauen Sie sich die Anzeige an. Bestens bedient!

Das **Deckblatt** ist ästhetisch gestaltet, enthält Namen und Adresse des Kandidaten und zeigt ein sympathisches **Foto**.

Der **Lebenslauf** beginnt rechts oben mit den persönlichen Daten. Wie beim Anschreiben zeigt auf diesen drei Seiten die Fußzeile Namen und Adresse des Bewerbers. Insgesamt ist der einspaltige Lebenslauf sehr klar und übersichtlich gegliedert. Der Leser bekommt zuerst einen guten Überblick über die Berufspraxis. Hier erhält er Informationen über die Art der Patienten, mit denen der Kandidat gearbeitet hat, über die fachlichen Schwerpunkte sowie die Behandlungsmethoden. Außerdem sehen wir anhand der beruflichen Fortbildungen, dass Jan Wagner eine hohe Lernbereitschaft aufweist. Seine PC-Kenntnisse gibt er mit präziser Einschätzung an. Sehr gut! Seine Freizeitinteressen lassen darauf schließen, dass er sportlich, gelassen und geduldig ist. Nach dem Lebenslauf folgt ein überzeugender Abschluss: Der Kandidat beschreibt stichwortartig seinen Arbeitsstil. Damit rundet er gekonnt sein Profil ab.

Einschätzung

Eine zwar »einfach gestrickte«, aber aussagekräftige Bewerbung mit einem sehr gut getexteten Anschreiben.

Fiona Siegel

Freibadweg 109 • 16341 Röntgenthal • Telefon 07980 33667 • Handy 0162 3507291 • E-Mail f.siegel@web.de

City-Car GmbH
Herrn Andreas Düsenberg
Zepernicker Landstraße 56
16351 Bernau

Röntgenthal, 31.05.2017

Bewerbung Automobilverkäuferin

Sehr geehrter Herr Düsenberg,

mit diesem Schreiben möchte ich an unser informatives Telefonat vom 20.05.2017 anknüpfen und Ihnen meine Bewerbungsunterlagen einreichen.

Meine Liebe zum Auto, meine kontinuierliche Berufsentwicklung in der Automobilbranche und die daraus resultierende langjährige Erfahrung sind Anlass für diese Bewerbung, ebenso wie die Empfehlung von Herrn Feuerbach vom ADAC, der mir mitteilte, dass Sie eine vakante Verkäuferposition neu besetzen wollen. Aus meiner täglichen Praxis sind mir Planung, Durchführung und Analyse von Verkaufsmaßnahmen bestens vertraut.

Neben meiner kaufmännischen Ausbildung erwarb ich mir gute kommunikative und soziale Fähigkeiten.

Als Quereinsteigerin im Autoverkauf bringe ich durch meine kaufmännisch-technische Grundausbildung gute Voraussetzungen mit, um bestmögliche Ergebnisse zu erzielen. Darüber hinaus möchte ich gerne für Ihr Haus medienwirksame Promotion-Aktionen für Einführungen neuer Pkw-Modelle organisieren.

Von meinem Können und meinen Qualifikationen werde ich Sie sicher in einem persönlichen Gespräch überzeugen, auf das ich mich sehr freue. Gern bin ich auch bereit, für einige Tage meine Fähigkeiten in Ihrem Haus unter Beweis zu stellen.

Mit freundlichen Grüßen

Fiona Siegel

Fiona Siegel

Freibadweg 109 • 16341 Röntgenthal • Telefon 07980 33667 • Handy 0162 3507291 • E-mail f.siegel@web.de

Persönliche Daten

- am 28.02.1981 in Zwickau geboren
- nicht verheiratet

Berufstätigkeit

seit 01.10.2010	Technische Angestellte / Gewährleistungssachbearbeiterin bei der Auto Allround Ersatzteil GmbH, Ludwigsfelde

- Abwicklung von Gewährleistungs- und Kulanzanträgen
- Systemunterstützte Antragsbearbeitung am Terminal
- Prüfung von Schadensteilen / Qualitätsanalyse
- Koordinierung von Rückrufaktionen verschiedener Hersteller
- Regressierung abgelehnter Gewährleistungsteile
- Kunden- und Lieferanten-Management

01.10.2008 – 30.09.2009	Familienphase

01.01.2005 – 30.09.2010	Kaufmännische Mitarbeiterin beim ADAC Berlin-Brandenburg

- Mitgliederbetreuung
- Koordination der Zusammenarbeit mit DEKRA und TÜV
- Messestandbetreuung
- Unterstützung der Organisation von Messeauftritten, Rallyes und dem ADAC-Jahresball in Berlin

01.09.2000 – 31.12.2002	Industriekauffrau für Maschinenbau Müller-Metallhandel GmbH, Berlin

- Bestellung von Maschinenbauteilen aus Stahl und Kunststoff
- Fakturierung und Auslieferung an Kunden
- Bestandspflege und Kunden-Neuakquisition

 ▸ Kommentar Seite 56

Fiona Siegel

Freibadweg 109 • 16341 Röntgenthal • Telefon 07980 33667 • Handy 0162 3507291 • E-Mail f.siegel@web.de

Bildung und Schule

2012	Fortbildung Vertrieb und Marketing Marketingakademie Teltow
2010	Fortbildung im Qualitätsmanagement DEKRA Berlin
1997 – 2000	Ausbildung mit Abitur zur Industriekauffrau in Zwickau
1987 – 1997	POS Zwickau – Abschluss mittlere Reife

Kenntnisse / Erfahrungen / Interessen

- anwenderbereite Kenntnisse gängiger Software unter Windows 10
- sehr gute Kenntnisse des Ersatzteilangebotes für Pkw und Nutzfahrzeuge, besonders der Marken VW, BMW und Fiat
- sehr gute Englischkenntnisse in Wort und Schrift
- Akquisitionserfahrungen
- Mitglied im Oldtimer-Club Ludwigsfelde, Veranstaltungsorganisation
- Führerschein Pkw und Lkw
- Personenbeförderungsschein
- begeisterte Oldtimer-Rallye-Fahrerin

Röntgenthal, 31.05.2017

Fiona Siegel

Zu den Unterlagen von Fiona Siegel, Automobilverkäuferin

Powerfrau, Optimistin und alleinerziehende Mutter eines schulpflichtigen Kindes (8 Jahre alt) sucht eine besser bezahlte berufliche Herausforderung. Aber warum sollte sie das hier schon alles im Detail ausbreiten? – Ein fröhlich sympathisches Foto und eine auf angenehme Weise auffällige Präsentationsform reichen doch völlig, um positive Aufmerksamkeit zu bekommen!

Ein recht außergewöhnlicher Briefkopf vermittelt in Zusammenhang mit einer farblichen Gestaltungsvariante (die Linienführung ist rot, was Sie im Buch leider nicht sehen, aber im **Online Content**, siehe Seite 10) einen guten Auftritt. Man spürt geradezu, wie sich die Kandidatin engagiert hat. Eine gelungene erste Arbeitsprobe, die inhaltlich mit dem **Anschreibentext** korrespondiert und die Energie der Bewerberin transportiert.

Ihre Liebe zum Arbeitsobjekt wirkt glaubhaft. Anknüpfungspunkt ist ein Telefonat, das elf Tage zuvor stattfand. Eine zu lange Zeitspanne, dennoch wird diese Schriftform den Leser der Bewerbungsunterlagen freundlich stimmen. Das Angebot, ihre Fähigkeiten unter Beweis zu stellen, kann aufkommende Zweifel an der Leistungsbereitschaft wegen der langen Zeit zwischen dem Telefonat und der schriftlichen Bewerbung ausräumen.

Der **Lebenslauf** – er kommt ohne die typische Überschrift aus – besteht aus nur zwei Seiten und dokumentiert auf der ersten Seite angemessen untergliedert die Berufstätigkeit und die Aufgabenbereiche bei den drei letzten Arbeitgebern. In dieser Abfolge finden wir auch einen schlichten Hinweis auf die Familienphase. Der aufmerksame Leser erinnert sich, dass Frau Siegel bei ihren persönlichen Daten »nicht verheiratet« angegeben und auch kein Kind erwähnt hat. Warum auch? Diese Form ist doch überzeugend und völlig ausreichend. Alleinerziehende Mütter haben es auf dem Arbeitsmarkt nicht leicht. Entscheiden Sie, wie Sie in der Bewerbung mit dieser Situation umgehen. Diese Bewerberin hat schlicht »Familienphase« getextet und lässt damit offen, ob es sich um Kindererziehung oder z. B. um die Pflege von kranken Angehörigen handelt. Auch denkbar ist, Kindererziehungsphasen im Lebenslauf mit »Familienmanagement« zu betiteln.

Das **Foto** zeigt eine sympathisch lachende Kandidatin. So viel Kraft kann ein Foto haben!

Die »Kenntnisse / Erfahrungen / Interessen« auf der zweiten Seite nützt die Kandidatin sehr geschickt, um einen weiteren Persönlichkeits- und Kompetenzauftritt zu kreieren. Verbesserungswürdig wäre u. U. die Überschriftengestaltung auf diesen beiden Blättern. Die Rubrikentitel (Persönliche Daten, Berufstätigkeit, Bildung, Kenntnisse) würden in Fettschrift (evtl. auch ein bis zwei Punkte größer) das Gesamtbild noch besser aussehen lassen.

Eine Anlagenübersicht (hier nicht gezeigt) rundet die Bewerbungspräsentation ideal ab.

Einschätzung

Eine außergewöhnliche Bewerbung, die in ihrem Design (unterstützt durch eine zweite Farbe) der Bewerberin die gewünschte Einladung gebracht hat. Mehr war auch nicht notwendig, denn sie führte direkt zum neuen Job. Die näheren Umstände, was privates Familienglück und Partnerschaft betrifft, müssen weder vorab schriftlich noch im Vorstellungsgespräch ausführlich erörtert werden.

RICHARD MEYER
Quentinufer 67
32052 Herford
Tel. 05221/3456529
E-Mail: richard.meyer@web.de

Autohaus Kogel
Herrn Volker Benjamin
Im Schiernholz 8
32049 Herford

Herford, 11. Februar 2017

Sehr geehrter Herr Benjamin,

ich möchte Sie gern auf jemanden aufmerksam machen: auf mich.

Wer ich bin:	Richard Meyer, 50 Jahre alt und ein engagierter und erfahrener Kfz-Mechaniker.
Was ich will:	Einen Arbeitsplatz in Ihrem Unternehmen, das ich bereits als Kunde kennen und sehr schätzen gelernt habe. Gern würde ich hier meine Stärken wie Präzision, Geschicklichkeit und Selbstständigkeit einsetzen.
Was ich kann:	Ich biete Ihnen langjährige Erfahrung mit den verschiedensten Fahrzeugtypen: VW/Audi, Ford, Volvo und Mercedes. Die Reparatur und Wartung von Lkws gehört auch zu meinem Repertoire, ebenso wie der Führerschein Klasse II. Außerdem bringe ich gute Kenntnisse der hydraulischen, pneumatischen und elektronischen Systeme und Anlagen mit. Eine permanente Fortbildung ist mir sehr wichtig. Daher habe ich verschiedene Schweißerlehrgänge besucht und erfolgreich abgeschlossen. Ich arbeite gern im Team, bin aber dank meines Organisationstalentes und großer Flexibilität auch in der Lage, eigenverantwortlich zu agieren.

Gern sende ich Ihnen weitere Unterlagen zu. Für ein persönliches Gespräch stehe ich selbstverständlich jederzeit zur Verfügung.

Mit freundlichen Grüßen

Zu den Unterlagen von Richard Meyer, Kfz-Mechaniker

Es gibt Restaurants, die beeindrucken uns mit einer zehnseitigen Speisekarte und mehr als 200 verschiedenen Speisenangeboten. Nicht schlecht! Es gibt aber auch Restaurants, die haben nur fünf verschiedene Gerichte auf einer Seite zur Auswahl. Und nicht selten gehören gerade diese zu den teuersten und besten. Was wir Ihnen damit vermitteln wollen? Es geht auch anders, viel kleiner, bescheidener und weniger aufwendig. Und der Erfolg? Bleibt deshalb nicht etwa aus, im Gegenteil!

Und womit haben wir es hier zu tun? Mit einer Kombination aus **Anschreiben** und **Mitarbeitsangebot**. Als Erstes fällt der interessant »komponierte« Briefkopf auf. Die grafische Gestaltung mit dem grauen Kasten findet ihre Wiederholung im quadratischen Foto, beide Elemente ergänzen sich gut – eine wirklich sehr schöne Idee. Bei der Telefonnummer hat sich der Bewerber nicht an der DIN 5008 (siehe Seite 111) orientiert, sondern die Ziffern von rechts in Zweiergruppen geteilt und die Vorwahl mit einem Schrägstrich von der Rufnummer getrennt. Diese »traditionelle« Schreibweise ist in Deutschland neben der Schreibung nach der DIN 5008 gängig.

Der Kandidat muss über die Firma Erkundigungen eingeholt haben, denn er kann den verantwortlichen Ansprechpartner in Anschrift und Anrede benennen. Dann folgen ein sehr selbstbewusster Einleitungssatz und das Foto. Der Hauptteil des Schreibens ist durch drei selbst gestellte, kurze und klare Quasi-Fragen (Aussagen, die wie Fragen wirken) gegliedert, die auf der rechten Seite auf prägnante Weise beantwortet werden. Das ist hervorragend inszeniert. Und es transportiert wirklich klare Botschaften. Darauf kommt es bei dieser Kompaktbewerbung auch an.

Der Bewerber versteht es, für sich in dieser sehr komprimierten Form überzeugend zu werben. Der Leser wird neugierig und möchte sicherlich mehr erfahren. Die Kurzbewerbung endet auch mit dem Hinweis, dass der Kandidat gern weitere Unterlagen zusendet. Diese Anmerkung ist bei einer Kurzbewerbung unabdingbar.

Wenn auch nur in kleinem Bildformat, so ist das **Foto** doch ansprechend und interessant. Die Bewerbung wäre bestimmt noch erfolgreicher, wenn der Kandidat noch etwas mehr lächeln würde, die Zähne dürfen beim Bewerbungsfoto durchaus zu sehen sein!

Einschätzung

Eine insgesamt gute und einfallsreiche Kurzbewerbung. Auf nur einer Seite weiß der Bewerber bestens seine Stärken herauszuarbeiten. Das können Sie auch!

7. Lektion Herausforderungen, Verdienste, Erfolge

Nur wenige Bewerber stellen bislang besondere von ihnen gemeisterte Herausforderungen und Erfolge in ihren Unterlagen dar. Meist werden lediglich Verantwortungen (z. B. Budget-, Umsatz-, Personalverantwortung) und Hauptaufgaben aufgeführt. Natürlich sind diese Angaben wichtig, damit sich der Leser in kurzer Zeit einen umfassenden Eindruck von der Berufserfahrung des Bewerbers verschaffen kann. Am Ende zählt für einen potenziellen Arbeitgeber jedoch nicht nur die Erfahrung, die ein Bewerber gesammelt hat, sondern für ihn ist vor allem interessant, was ein potenzieller neuer Mitarbeiter leisten kann bzw. was er für bisherige Arbeitgeber erreicht hat.

Es sind die Erfolge, die für den Arbeitgeber entscheidend sind. Nutzen Sie also die Gelegenheit und heben Sie sich in diesem Punkt positiv von der Mehrheit der Bewerber ab, indem Sie unter den Aufgabenschwerpunkten auch kurz und knapp die wichtigsten von Ihnen gemeisterten Herausforderungen und Erfolge nennen (z. B. Abläufe vereinfacht, Umsatzsteigerungen erzielt, wichtige Kunden gewonnen, große Projekte erfolgreich abgeschlossen, die rasche und reibungslose Einführung neuer EDV-Programme, usw. usw.). Schauen Sie sich auch das Beispiel auf Seite 95 an.

Muhammad Salomon Adshan
Gerhard-Hauptmichel-Str. 30
76222 Sankt Georgenberg
Tel.: 0772-230 32 34 12

Firma ABC-Feinwebtechnik
Herrn Mühlenbach
Hermann-Wundberger-Str. 13
77136 Suhlach

12. Februar 2017

Meine BEWERBUNG

Sehr geehrter Herr Mühlenbach,

ich bin syrischer Staatsangehöriger und lebe seit Dezember 2012 mit meiner Familie in Deutschland. Die deutsche Sprache habe ich schon recht gut erlernt, seit Februar 2013 auch durch private ehrenamtliche Helfer und seit Mai 2014 besuche ich einen Integrationskurs.

Es ist mir wichtig, eine Arbeitsstelle zu finden, denn ich arbeite gerne und erhoffe mir auch sehr, durch den Kontakt und Umgang mit deutschen Arbeitskollegen meine Deutschkenntnisse noch weiter zu verbessern.

Nach dem Abitur 1998 in Aleppo/Syrien habe ich eine Ausbildung zum Schneider absolviert. Danach habe ich bei einem Lehrer aus Paris das Zuschneiden von Schnittmustern und Stoffen sowie die Anfertigung von Kleidung erlernt und in diesem Beruf 5 Jahre erfolgreich gearbeitet.

Meine Feinmotorik ist durch diese Arbeit gut ausgebildet. Ich habe eine gute Auffassungsgabe und verfüge auch über einige deutsche Tugenden: Ich bin pünktlich und zuverlässig.

Ich freue mich, wenn Sie mich zu einem Gespräch in Ihrem Unternehmen einladen.

Mein LEBENSLAUF

Muhammad S. Adshan	geboren am 22.09.1980 in Aleppo/Syrien, verheiratet, 3 Kinder	
Berufspraxis	2009 bis 2012	Verkäufer für Haushaltswaren im Libanon
	2006 bis 2009	Verkäufer für Haushaltswaren in eigenem Geschäft in Aleppo/Syrien
	2004 bis 2006	Taxifahrer in Aleppo/Syrien
	2001 bis 2004	Zusatzausbildung als Zuschneider für Schnittmuster und Stoffe, Anfertigen von Kleidung
	2000 bis 2001	angestellt als Zuschneider
	1998 bis 2000	Schneiderlehre
Schulbildung	1986 bis 1998	Schulausbildung bis Abitur in Aleppo/Syrien
Hobbys	Sport-Krafttraining	

Sankt Georgenberg, 12. Februar 2017 Muhammad Adshan

Zu den Unterlagen von Muhammad Adshan, Schneider

Der syrische Schneider Muhammad S. Adshan ist mit seiner Familie seit gut vier Jahren in Deutschland und bewirbt sich jetzt um einen Job in einem Produktionsunternehmen. Mit nur einer Seite, einer Kombination aus Anschreiben und Kurzlebenslauf, erklärt er eindrucksvoll seine Situation und seinen Wunsch nach Arbeit. Dies ist ihm wirklich sehr gut gelungen. Sprachliche Hilfe von einem Deutsch-Muttersprachler hat er sicher eingeholt und so kommt dieses Bewerbungs-Lebenslauf-Schreiben absolut positiv rüber und spricht für ihn.

Auf diese einfache, aber doch sehr effektive Form muss man erst einmal kommen. Sie enthält alle wichtigen Informationen und vermittelt einen kompetenten Eindruck. Selbst Platz für ein kleines Foto wäre hier noch unter der Absendergestaltung, auf der rechten Seite in Höhe der Anschrift. Muhammad Adshan hat den richtigen Ansprechpartner recherchiert – Herrn Mühlenbach, der in der adressierten Firma für die Personalauswahl zuständig ist.

Der erste Satz beginnt mit »ich« – das betrachten immer noch viele (insbesondere ältere) Empfänger als nicht regelkonform. Aber viele jüngere Menschen sehen darin keinen Regelverstoß. Dass unter der Absenderzeile nicht die Berufsbezeichnung steht, ist Herrn Adshan nachzusehen (ergo: machen Sie es besser!). Optisch sehr geschickt gelöst und damit ein guter Blickfang sind die beiden Überschriften (»Meine Bewerbung«, »Mein Lebenslauf«).

Einschätzung

Wir können aus dieser einfachen, aber doch sehr effektiven Gestaltung einer schriftlichen Kurzbewerbung viele positive Anregungen entnehmen.

8. Lektion Das zählt: Ihre Botschaft, Ihr Angebot, Ihre Motivation

Darum geht es: Ihre persönliche Botschaft (»Ich bin Ihr Problemlöser«) dem Empfänger überzeugend zu vermitteln und rüberzubringen, was Sie auszeichnet und was Sie persönlich motiviert. Denn in der Regel entscheiden Ihre schriftlichen Unterlagen, ob sich auf Auswählerseite Interesse an Ihrer Person und Mitarbeit entwickelt.

In der Konsequenz verbindet sich das dann mit dem Wunsch, Sie näher kennenzulernen. Häufig nimmt man zunächst telefonisch Kontakt zu Ihnen auf. Seien Sie darauf gut vorbereitet und überlegen Sie genau, was Sie Ihrem Empfänger und potenziellen Auftraggeber über Ihre Kompetenz, Ihre Leistungsmotivation und Ihre Persönlichkeit (Wesensart) mitteilen wollen.

Claudia Bellow
Kauffrau für Bürokommunikation
Am Gendarmenmarkt 26
10171 Berlin
Tel. +49 151 10028855
Tel. +49 30 2323774
E-Mail: claudia.bellow@mail.de
www.xing.com/profile/claudia_bellow

Siegel AG
Herrn Schmidt
Unter den Linden 1
10711 Berlin

Bewerbung als Assistentin des Vorstandes
Ihre Anzeige in der Berliner Morgenpost vom 17.04.2017

Berlin, 22.04.2017

Sehr geehrter Herr Schmidt,

mit großem Interesse habe ich die Stellenausschreibung der Siegel AG gelesen und möchte mich deshalb bei Ihnen als Vorstandsassistentin vorstellen.

Nach meinem Abitur begann ich 2000 eine kaufmännische Lehre, wobei mir die erworbenen Fähigkeiten und Qualifikationen einen vorzeitigen direkten Einstieg in das Ausbildungsunternehmen ermöglichten. Hier war ich schwerpunktmäßig im Bereich Finanzen und Controlling tätig und habe verschiedene Aufgabengebiete kennengelernt. Diese umfassten sowohl administrative als auch organisatorische Belange mit umfassender organisatorischer Verantwortung.

Meine Aufgaben beinhalteten unter anderem das gesamte Office-Management von der Terminkoordination bis zur Erstellung von Präsentationsunterlagen, die komplette Vor- und Nachbereitung größerer Präsentationen, Budgetüberwachung sowie Büropersonalkoordination mit allen erforderlichen Belangen.

Bei meinen Stärken möchte ich meine Kommunikationsfähigkeit, mein Analysevermögen sowie meine verlässliche Einsatzbereitschaft hervorheben. Auch behalte ich selbst in stressigen Situationen stets meinen Humor und vor allem einen kühlen Kopf. Für meine persönliche Entfaltung ist es von großer Bedeutung, mich erfolgreich und qualitativ hochwertig in einem entsprechenden Umfeld einbringen und verwirklichen zu können.

Nach über zehn Jahren Berufserfahrung und etwa sechs Jahren Elternzeit möchte ich meine Qualifikationspotenziale jetzt durch einen beruflichen Wiedereinstieg ausschöpfen und weiterentwickeln.

Einer Gelegenheit, sich bei einem Gespräch gegenseitig kennenzulernen, sehe ich mit Freude entgegen. Rufen Sie mich doch bitte einfach an.

Mit freundlichen Grüßen

Claudia Bellow

Anlagen

Claudia Bellow
Kauffrau für Bürokommunikation
Am Gendarmenmarkt 26
10171 Berlin
Tel. +49 151 10028855
Tel. +49 30 2323774
E-Mail: claudia.bellow@mail.de
www.xing.com/profile/claudia_bellow

Bewerbung

als Assistentin des Vorstands

Claudia Bellow

Kauffrau für
Bürokommunikation

35 Jahre, verheiratet,
zwei Kinder

*„Jede Zeit hat ihre Aufgabe,
und durch die Lösung derselben
rückt die Menschheit weiter.“*

Heinrich Heine

 ▸ Kommentar Seite 65

Claudia Bellow
Kauffrau für Bürokommunikation
Am Gendarmenmarkt 26
10171 Berlin
Tel. +49 151 10028855
Tel. +49 30 2323774
E-Mail: claudia.bellow@mail.de
www.xing.com/profile/claudia_bellow

Lebenslauf

Persönliche Daten

Claudia Bellow, geb. Mohmann
geboren am: 29.03.1982 in Potsdam
verheiratet, zwei Kinder (3 und 6 Jahre alt)
ortsunabhängig, mobil, Führerschein B

Beruflicher Werdegang

Aufgabenbereich:

von Sept. 2008 bis Juli 2011, Rademacher GmbH, Berlin
Leiterin Büro Finanzen & Controlling

ab Mai 2007, Rademacher GmbH, Berlin
stellvertretende Büroleiterin Finanzen & Controlling

ab Januar 2003, Rademacher GmbH, Berlin
Assistentin im Bereich Finanzen & Controlling

Berufsausbildung

Ausbildung:

2000 bis 2002 Rademacher GmbH, Berlin
Ausbildungsrichtung: **Kauffrau für Bürokommunikation**
Schwerpunkt: Finanzen, Vertrieb, Office- und Assistenzaufgaben

Schulausbildung

Sprachschule:

10.2015 bis 12.2015 Internationale Sprachschule, Madrid
Intensivkurs Spanisch
Abschluss: Nivel Intermedio (B2)

Gymnasium:

1997 bis 1999 Hegel-Gymnasium, Berlin
Abschluss: 1999 Allgemeine Hochschulreife

Realschule:

1991 bis 1997 POS Karl Marx, Berlin
Abschluss: 1997 Realschulabschluss

Claudia Bellow
Kauffrau für Bürokommunikation
Am Gendarmenmarkt 26
10171 Berlin
Tel. +49 151 10028855
Tel. +49 30 2323774
E-Mail: claudia.bellow@mail.de
www.xing.com/profile/claudia_bellow

Besondere Kenntnisse

Erfahrungen in den Bereichen:	• Analyse betriebswirtschaftlicher Plan-, Ist- und Erwartungswerte • Ziel- und Maßnahmencontrolling • Umsetzung von zentralen Planungsvorgaben • Vorbereitung von Business-Reviews • Organisation von Veranstaltungen, Meetings, Reisen etc. • Erstellung von Korrespondenzen • Erarbeitung, Auswertung, Aufbereitung und Interpretation statistischer Erhebungen • Betreuung interner und externer Kunden
Sprachen:	gute Englischkenntnisse in Wort und Schrift sehr gute Spanischkenntnisse in Wort und Schrift Grundkenntnisse in Russisch
IT:	sehr gute Kenntnisse der PC-Anwendungen MS Word, Excel, PowerPoint, Outlook, SAP ERP gute Kenntnisse in Access, Adobe InDesign, Lexware
Engagement:	ehrenamtliche Mitarbeit bei der Telefonseelsorge Berlin Gründung eines Stadtteilkinderladenprojektes Mitarbeit im Vorstand dieses Projektes

Berlin, 22.04.2017

Claudia Bellow

Zu den Unterlagen von Claudia Bellow, Kauffrau für Bürokommunikation

Die Stellenanzeige lautete:

> Wir suchen Sie am Standort Berlin als
>
> **Assistent (m/w) des Geschäftsvorstandes**
>
> **Ihre Aufgaben:**
> - Entlastung des Geschäftsvorstandes im Tagesgeschäft
> - Koordination von internen und externen Terminen
> - Organisation von Geschäftsreisen und Reisekostenabrechnungen
> - Erledigung von deutsch- und spanischsprachiger Korrespondenz
> - umfassende Projektbearbeitung inklusive Rechnungsstellung
> - Organisation und Vorbereitung von Meetings
> - Erstellung von Präsentations-, Angebotsunterlagen und Statistiken
> - Ziel- und Maßnahmencontrolling
> - Personalkoordination der Mitarbeiterinnen
>
> **Was wir erwarten:**
> - erfolgreich abgeschlossene Ausbildung im kaufmännischen Bereich
> - möglichst mehrjährige Berufserfahrung
> - sehr gute Spanischkenntnisse
> - SAP-Kenntnisse
> - routinierten Umgang mit den MS-Office-Programmen
> - hohes Maß an Motivation und Selbstständigkeit
> - sehr gute Kommunikationsfähigkeit und Stressbewältigung
> - sicheres und freundliches Auftreten
>
> Haben wir Ihr Interesse geweckt? Dann freuen wir uns auf Ihre Bewerbung. Senden Sie bitte Ihre vollständigen Bewerbungsunterlagen (Anschreiben mit Foto, Lebenslauf, Zeugnisse) per Post an:
>
> **Siegel AG, Herrn Schmidt, Unter den Linden 1, 10711 Berlin.**

Die Bewerbung beginnt mit einem ausführlichen **Anschreiben,** in dem die Kandidatin sinnvolle Bezüge zu den Aufgaben und Anforderungen in der o. g. Stellenanzeige herstellt. Machen Sie sich selbst ein Bild! Da in der Anzeige keine Telefonnummer angegeben wurde, konnte Claudia Bellow leider kein Vorabgespräch führen, womit sie sicherlich noch mehr hätte punkten können. Mit etwas Geschick (und Initiative) findet man eigentlich immer eine Telefonnummer und kann sich auch durchfragen, bis hin zum Verantwortlichen auf der Fachebene, leichter aber bis in die Personalabteilung. Am Schluss ihres Anschreibens spricht Claudia Bellow auch ihre aktuelle Elternzeit an und gibt deutlich zu verstehen, dass sie nun wieder in ihren Beruf einsteigen möchte. Hier gibt es noch Verbesserungspotenzial. Es wäre vorteilhafter gewesen, wenn die Bewerberin betont hätte, dass sie sich während der Familienphase bei der Telefonseelsorge und bei einem Stadtteilkinderladenprojekt engagiert hat. Es macht immer einen besseren Eindruck, wenn eine längere Elternzeit auch für andere Aufgaben als ausschließlich für die Familie genutzt wird. Alles sicher auch eine Frage der Darstellung! Das Anschreiben enthält rechts oben einen geschmackvollen Briefkopf mit Namen, Berufsbezeichnung und Adresse. Außerdem fällt die Computergrafik auf, die sich auf den Seiten des Lebenslaufes im Sinne eines »Corporate Designs« wiederholt. Ein sehr mutiges grafisches Element, das zum Beruf passt, aber auch immer ein bisschen Geschmackssache bleibt.

Es folgt ein interessant entworfenes **Deckblatt**, das besonders wegen des sympathischen, dem Leser zugewandten **Fotos** und des Zitats anspricht und Neugierde weckt.

Das ästhetische Layout mit dem stilvollen Briefkopf setzt sich auch im zweiseitigen **Lebenslauf** fort. Nach den persönlichen Daten folgt eine angenehm lesbare Darstellung der beruflichen Entwicklung, Berufs- und Schulausbildung. Die zweite Seite widmet sich ausführlich den besonderen Kenntnissen. Hier erfahren wir auch, in welchen beruflichen Bereichen die Kandidatin Erfahrungen gesammelt hat. Wir bekommen so an dieser Stelle ein noch umfassenderes Bild von ihr und ihren Fähigkeiten. Sehr geschickt gemacht! Außerdem werden die Sprach- und IT-Kenntnisse im Detail beschrieben. Am Schluss folgen Ausführungen zum Engagement. Da die Kandidatin privat hohe Einsatzbereitschaft zeigt, können wir annehmen, dass sie auch im Beruf Initiativen ergreifen wird.

Einschätzung

Gute Unterlagen mit interessanter und teilweise ungewöhnlicher Gestaltung – kleinere Verbesserungen könnten vorgenommen werden.

Ole Rehm
Dipl.-Ing. Stadt- und Regionalplanung
Ahrensburger Str. 17
20095 Hamburg
Tel. 0171 9922883
ole.rehm@gmail.com
www.linkedin.com/in/ole-rehm

Stadtverwaltung Hamburg
Frau Hellerson
Am Rathausplatz 1
20095 Hamburg

Hamburg, 19.04.2017

Stellenangebot: **Referent/-in in der Abteilung Kontrolle und Koordination von städtischen Bauprojekten, Sparte Facility Management** (Kennziffer: R13.12B)

Sehr geehrte Frau Hellerson,

mit Interesse habe ich das Aufgaben- und Anforderungsprofil der vakanten Stelle gelesen und starke Übereinstimmungen mit meinen persönlichen Kompetenzen und Interessen festgestellt. Die Planung und Steuerung von Baumaßnahmen auf jeglichen Maßstabsebenen reizt mich sehr. Durch meine vielfältigen beruflichen Erfahrungen bin ich bereits bestens mit den Immobilien- und Raumentwicklungsinstrumenten der öffentlichen Hand vertraut und habe mir darüber hinaus sehr gute Kenntnisse im öffentlichen Bau- und Planungsrecht erwerben können.

Neben meinen Fachkenntnissen und meinem persönlichen Interesse sehe ich meine Stärken auf den Gebieten der Kommunikation und der Koordination. Das schnelle Erfassen komplexer Zusammenhänge und das verständliche Erläutern ebendieser liegen mir sehr. Bereits während meines Studiums arbeitete ich am Lehrstuhl für Städtebau an der Universität Hamburg sowie im Architekturbüro Müller & Jensen und konnte dort meine teamorientierte und zielgerichtete Arbeitsweise unter Beweis stellen.

Ich hoffe nun, meine Fähigkeiten in die spannenden und vielfältigen Aufgaben bei der Stadtverwaltung Hamburg einbringen zu können.
Über Ihre Einladung zu einem persönlichen Gespräch freue ich mich sehr.

Mit freundlichen Grüßen

Ole Rehm

Anlagen

Ole Rehm
Dipl.-Ing. Stadt- und Regionalplanung
Ahrensburger Str. 17
20095 Hamburg
Tel. 0171 9922883
ole.rehm@gmail.com
www.linkedin.com/in/ole-rehm

Bewerbungsunterlagen

für die

Stadtverwaltung Hamburg

Curriculum Vitae

Ole Rehm
Dipl.-Ing. Stadt- und Regionalplanung
Ahrensburger Str. 17, 20095 Hamburg
Tel. 0171 9922883
ole.rehm@gmail.com
geboren am 21.09.1986 in Hamburg
ledig, ortsungebunden

Berufliche Erfahrungen

Seit 09/2013

selbstständige Tätigkeit im Auftrag einer Baugruppe
Aufgabengebiet:
- städtebauliches Gutachten und finanzielle Voruntersuchung des geplanten Bauprojektes
- Organisation und Abstimmung des Planungsprozesses mit dem zuständigen Bauamt und der Evangelischen Kirche Hamburg (Grundstückseigentümer)

01/2013 – 07/2013

selbstständige Tätigkeit im Auftrag des Landes Hamburg, im Rahmen eines Werkvertrages
Aufgabengebiet:
- Visualisierung aktueller Bau- und Planungsvorhaben
- Präsentation der Ergebnisse vor politischen Entscheidungsträgern
- Koordination der Zusammenarbeit mit den beteiligten Architekturbüros

Veröffentlichung:
„Vergleich von Bauvorhaben in Hamburg und Berlin unter besonderer Berücksichtigung der politischen Rahmenbedingungen"

04/2011 – 08/2011

Praktikum im Architekturbüro Müller & Jensen, Berlin
Aufgabengebiet:
- Assistenz bei Projektaufgaben im Bereich Stadtplanung
- Koordination von Projekten zwischen den Firmensitzen in Hamburg und Berlin

01/2010 – 05/2010

Mitarbeit im Architekturbüro Müller & Jensen, Hamburg
Aufgabengebiet:
- konzeptionelle Verstärkung des Stadtplanung-Projektteams
- Erstellen von Präsentationsperspektiven

 Kommentar Seite 71

04/2009 – 03/2010	**Tutorium** am Lehrstuhl Städtebau unter Prof. Dr. Muth Aufgabengebiet: – Konzept- und Methodenvermittlung – entwurfsbegleitende Betreuung
Ausbildung	
10/2006 – 11/2012	**Studium der Stadt- und Regionalplanung** an der Universität Hamburg Abschluss: Diplom-Ingenieur der Stadt- und Regionalplanung Titel der Abschlussarbeit: „Integrierte Stadtplanung am Beispiel des Hamburger Hafens"
Zivildienst	
11/2005 – 08/2006	Integrationshaus Hamburg Georgswerder Aufgabengebiet: – Organisation und Aufsicht einer betreuten Wohngemeinschaft
IT	Bürosoftware: MS-Office, Access-Datenbanksoftware CAD: VectorWorks, ArchiCAD Grafik: Photoshop, Illustrator, InDesign GIS: Yade – Isis
Fremdsprachen	Englisch (Wort und Schrift) Dänisch (Grundkenntnisse) Spanisch (Grundkenntnisse)
Interessen	Segeln Architektur-Bildbände Historische Schreibgeräte

Hamburg, 19.04.2017 Ole Rehm

Anlagenübersicht

Bescheinigungen	Praktikumsbescheinigung Architekturbüro Müller & Jensen, Fachbereich Stadtplanung
Zeugnisse	Diplom Stadt- und Regionalplanung Universität Hamburg
	Zeugnis Diplomprüfung Stadt- und Regionalplanung Universität Hamburg
	Zeugnis Vordiplomprüfung Stadt- und Regionalplanung Universität Hamburg
Referenzen	**Auskunft über mich gibt Ihnen gerne:** Dr. Anton Brettschneider, Staatssekretär a. D. ehemaliger Leiter des Baulandesbüros HH Alten Beck 15 in 20475 Hamburg E a.brettschneider@yahoo.com T 040 12 44 56
	Anna Faßbrenner, Referentin Stadtplanungsentwicklung c/o Baustadtrat Hansen Hämmerling Hansa Weg 127 in 21256 Hamburg E anna.fassbrenner@stadtplan-hamburg.de T 040 85 21 33

Zu den Unterlagen von Ole Rehm, Dipl.-Ing. Stadt- und Regionalplanung

Ein optisch schön gestaltetes **Anschreiben** transportiert in drei Absätzen auf sehr sympathische Weise, was der noch relativ junge Kandidat anzubieten hat. Das sich anschließende **Deckblatt** wirkt ein wenig leer. Hier hätten weitere Infos über den Bewerber eine sinnvolle Funktion übernehmen können – z. B. ein Kurzprofil oder die Beschreibung seines Arbeitsstils. Vielleicht hätte auch noch seine Unterschrift darunter gepasst und der » Aufmerksamkeitsmoment « wäre nicht mehr zu toppen.

Der nun folgende **Lebenslauf** trägt die hier passende Überschrift » Curriculum Vitae «. In seiner schlichten Eleganz ist er kaum zu übertreffen und harmoniert perfekt mit den vorausgegangenen Seiten. Allein den Seitenumbruch von der ersten zur zweiten Seite (das Tutorium) könnte man sich noch besser denken. Schade, dass unser Bewerber hier keine Lösung fand, auch noch diese Station auf die erste Seite unter » Berufliche Erfahrungen « zu bringen. Dabei hätte er nur auf der ersten CV-Seite ohne die Wiederholung seiner Adressdaten starten müssen (3 Zeilen weniger!). Diese stehen ja bereits auf dem Deckblatt. Schon wäre der Platz für das Tutorium gewonnen und es müsste nicht auf die nächste Seite verbannt werden. Wichtig: Versuchen Sie, am Seitenende auch möglichst immer das Ende eines » Abschnittes « hinzubekommen.

Bei den hier benannten Interessen (historische Schreibgeräte) wird unter Garantie nachgefragt, wie man sich das vorstellen muss. Ein schöner Anknüpfungspunkt für das Vorstellungsgespräch, denn die Einladung dazu erfolgt mit Sicherheit. Die beigefügte **Anlagenübersicht** wäre fast nicht notwendig, erinnert wieder ein bisschen an das Deckblatt, ist aber immer ein Hinweis auf ein gutes Organisationstalent und auch ein Zeichen von Dienstleistungsbewusstsein (für den Leser und Empfänger).

Einschätzung

Sehr gute Ansätze, sehr ästhetisch, aber es gibt noch Verbesserungspotenzial.

9. Lektion – Was Sie über Business-Communitys wissen sollten

Business-Netzwerke wie XING und LinkedIn bieten die Möglichkeit, ein berufliches Profil im Internet zu präsentieren und mögliche neue Arbeitgeber oder Firmenvertreter direkt anzusprechen. Diese können sich sofort ein Bild vom beruflichen Werdegang des Bewerbers machen und bei Bedarf umfangreichere Bewerbungsunterlagen anfordern.

Nutzen Sie die Chance der großen, branchenübergreifenden Business-Communitys und gestalten Sie Ihr Profil entsprechend Ihren relevanten beruflichen Kompetenzen sowie Ihren wichtigsten persönlichen Merkmalen. Gehen Sie dann gezielt auf die Suche nach Ansprechpartnern und suchen Sie Kontakt und Austausch. Wählen Sie eine Community, die von Ihren Kunden, Auftraggebern oder typischerweise auch Wunscharbeitsplatzanbietern wirklich genutzt wird, und hinterlegen Sie dort Ihr Profil.

Beachten Sie, dass diese Informationen genau zu Ihrem beruflichen Hintergrund passen bzw. so gestaltet sind, dass sie Ihren schriftlichen Bewerbungsunterlagen entsprechen. Dazu gehören immer ein passendes Foto sowie eine Auflistung der relevanten beruflichen Stationen. Vermeiden Sie in Ihrem Profil (das ja keinesfalls ein lückenloser Lebenslauf sein soll!) die Erwähnung von unvorteilhaften beruflichen Informationen, wie z. B. mehrere kurzzeitige Beschäftigungsverhältnisse oder Zeiten der Arbeitslosigkeit.

Überlegen Sie vorher genau, was Sie von sich erzählen und welche Freunde oder Bekannte Sie in Ihrem Kontaktnetzwerk haben wollen. Integrieren Sie außerdem den Link zu Ihrem Profil in einer Business-Community in Ihre Bewerbungsunterlagen oder in Ihre Visiten- bzw. Profilcard.

Nachricht Einfügen Optionen Text formatieren

Senden

An... margot.meyer@green.com

Cc...

Betreff: Bereichsleiterin interne Kommunikation

Guten Tag Frau Meyer,

seit Anfang 2010 bin ich Bereichsleiterin Kommunikation bei Bildung und Gesellschaft e. V. in Hamburg und allein verantwortlich für interne/externe Kommunikation.
Ich möchte meine Arbeitsschwerpunkte verschieben und bin sehr an der ausgeschriebenen Position interessiert.
Meinen beruflichen Werdegang finden Sie in der Anlage.
Ich freue mich, von Ihnen zu hören.

Mit besten Grüßen

Katja Holsten
Diplom-Kommunikationswirtin
geboren am 20.11.1975 in Berlin
Neuer Wall 1, 20095 Hamburg
Mobil: 0171.99331100
www.xing.com/profile/Katja_Holsten
E-Mail: katja.holsten@yahoo.de

Katja Holsten_Lebenslauf

CURRICULUM VITAE ◆ KATJA HOLSTEN ◆ DIPLOM-KOMMUNIKATIONSWIRTIN

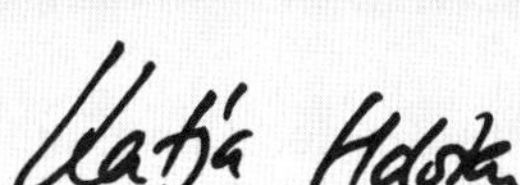

Katja Holsten

Diplom-Kommunikationswirtin

Geburtstag: 20.11.1975
Geburtsort: Berlin

Adresse: Neuer Wall 1, 20095 Hamburg
Mobil: 0171.99331100
www.xing.com/profile/Katja_Holsten
E-Mail: katja.holsten@yahoo.de

Berufspraxis

Seit 01 / 2010	**Bereichsleiterin Kommunikation** Bildung und Gesellschaft e. V., Hamburg ◆ Interne / externe Kommunikation (Texterin u. a. Social Media, Projekt-Koordination mit Zeit.de »Zeitzeichen«) ◆ PR-Strategien, Agenda Setting, Interviews, Vorträge ◆ Redaktion von Online- und Print-Artikeln ◆ Redaktion von Veröffentlichungen ◆ Koordination Medienpartner (z. B. Welt.de, Faz.net) ◆ Kooperation TV + Hörfunk wie Deutschlandfunk
01 / 2009 – 12 / 2009	**PR-Referentin** Stone Waters Ziegler Communication, Hamburg ◆ Pressekonferenzen, Pressemitteilungen, PR-Instrumente ◆ Themenplatzierung, Pressebetreuung, PR-Strategien ◆ Kommunikationskonzepte, PR-Kampagne, Redaktion
12 / 2007 – 12 / 2008	**Kommunikationsberaterin** Polkom Verlag, Berlin / Hamburg ◆ Projekt-Konzeption und Redaktion ◆ Interviews u. a. mit Angela Merkel, Guido Westerwelle
01 / 2006 – 11 / 2006	**Assistentin der Kommunikationsabteilung** Kulturradio Deutschland, Hamburg ◆ Planung einer Kommunikationskampagne ◆ Dokumentation und Präsentation des Konzepts
12 / 2002 – 04 / 2005	**Pressereferentin** Abgeordnetenbüro Meyer, MdHB, Hamburg ◆ Interne / externe Kommunikation ◆ Vorbereitung von Veranstaltungen, z. B. im Wahlkreis ◆ Ausbau der Pressekontakte
06 / 1998 – 04 / 2002	**Mitarbeiterin für PR / Marketing** Tel & Tol, Berlin ◆ Eventkonzeption und Marketing ◆ Messemoderation ◆ Koordination mit Eventagenturen

 ▸ Kommentar Seite 78

Projektarbeiten (Auswahl)

08 / 2013 – 11 / 2014	**Redakteurin** Meta Construkto, Hamburg Texte zum Thema Medien und Gesellschaft meta-construkto.de
10 / 2008 – 12 / 2008	**Wissenschaftliche Projektmitarbeiterin** Hochschule für Medien, Hamburg Qualitative Forschung (Durchführung und Auswertung von Interviews): Mediennutzungsverhalten Jugendlicher Auftraggeber: Deutsche Kulturstiftung, Berlin
2004	**Presse + Organisation** Hamburger Werbekongress: »Gesellschaft im Wandel« Akquise von Sponsoren, Agenturen, Medienpartnern Pressesprecher und Moderation der Themenrunden

Hochschule / Schule

04 / 2002 – 11 / 2007	**Studium Gesellschafts- und Wirtschaftskommunikation** Hochschule für Medien, Hamburg Schwerpunkte: Text, Werbung / PR, Politik Abschluss: Diplom-Kommunikationswirtin (Note: 1,2)
04 / 2004 – 09 / 2007	**Tutorin** für Politik bei Prof. Dr. Müller, Hochschule für Medien, Hamburg ◆ Vorbereitung / Durchführung von Lehrveranstaltungen im Grundstudium ◆ Korrektur von Klausuren im Grundstudium
04 / 2005 – 09 / 2005	Studium **Kommunikationswissenschaft** Università degli Studi di Bologna, Bologna
04 / 1996 – 10 / 1999	Studium **Rechtswissenschaften** Freie Universität Berlin
1995	**Allgemeine Hochschulreife** Werner-von-Siemens-Gymnasium, Berlin Gesamtnote: 1,4

Digital

MS-Office	sehr gute Kenntnisse
Photoshop	sehr gute Kenntnisse
Webdesign	gute Kenntnisse
InDesign	gute Kenntnisse
Moodle	Grundkenntnisse

Fremdsprachen

Englisch	sehr gut in Wort und Schrift
Spanisch	sehr gut in Wort und Schrift
Französisch	gut in Wort und Schrift

Soziales Engagement

2009 – 2012	Unterstützung der Projektleitung generation-trainee.de

Besondere Fähigkeiten

TV- / Radio-Interviews	Themen: Weiterbildung in Beruf und Karriere z. B. n-tv, arte, NDR, Deutschlandfunk
Veröffentlichungen	Themen: Selbstmarketing und Medienkompetenz z. B. welt.de, spiegel.de
Vorträge / Seminare	Themen: Medien- und Karrierestrategien z. B. Freie Universität Berlin, SocMedia Hamburg, GHF Hamburg, Media School Hamburg
Preis	Essay-Wettbewerb der FAZ, 2013 Thema: Das Medium Internet im internationalen tagespolitischen Kontext mit seinen Auswirkungen auf das Image der Deutschen

 ▸ Kommentar Seite 78

CURRICULUM VITAE ◆ KATJA HOLSTEN ◆ DIPLOM-KOMMUNIKATIONSWIRTIN

Interessen

Segeln, Städtereisen, Zeitgeschichte

Mitgliedschaft

Deutscher Journalisten Verband, Landesverband Hamburg

Referenzkontakte

Siegmar Sternberg, Geschäftsführer Bildung und Gesellschaft e. V., Hamburg, Tel. 040 25432-101
Prof. Dr. Müller, Hochschule für Medien, Hamburg

Hamburg, 24. Februar 2017

Zu den Unterlagen von Katja Holsten, Dipl.-Kommunikationswirtin

Das **Anschreiben** in dieser E-Mail ist eine kurze, schnell auf den Punkt kommende Anmoderation, die jedoch die Bewerberin interessant vorstellt. Leider hat die Bewerberin kein Telefonat vorab geführt. Es gibt nur eine Fettung im Abbinder, der wegen seiner grafischen Gestaltung deutlich auffällt. Das Ganze kommt ohne Unterschrift aus, mit einer eingescannten Version wäre es aber zweifelsohne schöner, dann bräuchte der Name auch nicht mehr ganz so groß herausgestellt werden. Die Betreffzeile ist prägnant und optisch gut inszeniert.

Korrekt spricht die Bewerberin die Empfängerin namentlich an, aber »Guten Tag« trifft nicht jeden Geschmack. Der kurze Text kommt ohne nichtssagende Floskeln aus und macht neugierig auf den angehängten Lebenslauf.

Das **Deckblatt** ist ästhetisch gestaltet und besticht durch ein recht großes und äußerst sympathisches Foto. Ein richtiger »Hingucker«, dem es gelingt, den Eindruck zu vermitteln, die Bewerberin würde den Leser direkt ansprechen. Schön ist auch die Unterschrift direkt unter dem Foto. Darunter werden in einem bündig gesetzten Textblock Name, Beruf, Kontaktdaten sowie das hinterlegte Profil bei XING aufgeführt. Der obere Rand des Deckblattes enthält eine interessante Kopfzeile mit drei schlichten Angaben: Curriculum Vitae, Name und Beruf der Kandidatin. Dies fügt sich gut in die Gestaltung des Deckblattes ein.

Der **Lebenslauf** fällt mit vier Seiten recht umfangreich aus. Dafür hat die Bewerbung keine sogenannte Dritte Seite, die ja nicht zwingend erforderlich ist. Alle Seiten haben die gleiche Kopfzeile wie das Deckblatt, was eine Art »Corporate Design« vermittelt.

Zunächst werden wir auf der ersten Seite über die Berufspraxis informiert. In einer klaren und übersichtlichen Darstellung sind die zahlreichen Berufsstationen aufgeführt. Diese wurden nach der amerikanischen Form gegliedert, also das Aktuellste zuerst. Die Funktionen der Bewerberin sind schnell erfasst, weil sie in Fettschrift gesetzt sind. Die Kandidatin gibt auch jeweils die wichtigsten Aufgaben bei jeder Station an. Sehr schön! Damit bekommen wir ein umfassendes Bild von ihrem beruflichen Können. Die zweite Seite des Lebenslaufes zeigt eine Auswahl der Projektarbeiten von Katja Holsten sowie ihre Hochschul- und Schulbildung. Auf der Folgeseite werden u. a. die unterschiedlichsten Fähigkeiten, Kenntnisse und Hobbys präsentiert. Als Überschrift für ihre Computerkenntnisse wählt die Kandidatin den interessanten Begriff »Digital«. Die Kenntnisse in diesem Bereich sind mit Niveau angegeben. Gut gemacht! Ebenso positiv, dass sie ihr soziales Engagement erwähnt und eine Rubrik »Besondere Fähigkeiten« anführt, in der sie TV- und Radio-Interviews, Veröffentlichungen, Vorträge und Seminare sowie Preisauszeichnungen anführt. Am Schluss werden Referenzkontakte benannt. Mit diesen Seiten hebt sich die Kandidatin eindeutig von der Masse der Bewerber ab und liefert ein ganz individuelles Profil. Im Anschluss an den Lebenslauf gibt ein Anlagenverzeichnis (hier nicht gezeigt) eine Übersicht über die mitgelieferten Zeugnisse und Arbeitsproben.

Einschätzung

Die Bewerberin liefert eine gelungene Selbstpräsentation.

10. Lektion Was Sie über Personalberater wissen sollten

Immer häufiger werden Positionen ab einem Einkommen von 40.000 p. a. durch Profis besetzt – das bedeutet die Vorauswahl (von in der Regel bis zu 3 Kandidaten) überlässt man Spezialisten. Und diese achten sehr genau auf Ihre Botschaften. Sie mögen noch so gut sein in Ihrem Fach – wenn es Ihnen nicht ausreichend gelingt, dies auch zu kommunizieren (was einer gezielten Vorbereitung bedarf), können Sie Personalberater nur schwer überzeugen.

BERUFSPROFIL

Marc Edwards, Junior Test Engineer
Am Park 1, 97070 Würzburg, Tel.: 0171 2931452
marc.edwards@aol.com
www.linkedin.com/in/marc_edwards
geboren in Chicago (USA) am 21. Februar 1979
bilingual aufgewachsen in den USA und Europa
ungebunden, mobil

Qualifikation

- Master of Science (Wirtschaftsinformatik), Fachhochschule Ulm
- Doppel-Bachelor (Wirtschaftsinformatik und Technisches Englisch), Technische Universität Chicago, USA
- ISTQB Certified Tester – Foundation Level
- Certified Agile Tester

Erfahrungshintergrund

Junior Testingenieur mit 5 Jahren Erfahrung
bei Tests und Optimierungen von SW Applikationen,
1 Jahr davon Abnahmetests einer komplexen Logistik-Applikation.
Ich habe mich sehr schnell in die Tests eines Medizinproduktes eingearbeitet und teste seit sechs Monaten verschiedene Versionen der Partikeltherapie KTS Applikation basierend auf der Plattform Synyo.

Kompetenzschwerpunkt

Test-Spezifikation und -Durchführung des ‚XT Medical Therapy Suite' (KTS), eines Synyo-basierten medizinischen Systems für die Behandlung mit Partikeltherapie. Dokumentation und Analyse der Testergebnisse sowie Überwachung des Fehlerreports und der dazugehörigen Regressionstests.

Erstellung, Gestaltung und Produktion von Testdaten für den MTS Test (CIT, CAT, SIT) nach Medizinproduktvorgaben in verschiedenen SW Versionen.

Produktbetreuung des IndienTransport Management Systems (ITM). ITM unterstützt die Logistikprozesse für die Lieferung von komplexen Telekommunikationssystemen. Einführung, Tests und Optimierung der Logistikprozesse.

Besondere Kenntnisse

Fachliche und methodische Schwerpunkte

- Prozessoptimierung in der Logistik
- Klinischer Workflow Partikeltherapie. DICOM Protocol
- Bedienung des XT Treatment Planungssystems (synyo based)
- Dokumentation nach Medizinproduktgesetz (CALIBER, CHARM NT; SAP)
- Logistik der Testdatensätze für CIT, CAT und SIT
- Mitarbeit im SCRUM MTS Entwicklungsteam als Test Designer
- Testmanagement Werkzeuge (iTestbench, TMT)
- Java, C#, ABAP, SQL, LaTeX, MS Office

Sprachen

Englisch und Deutsch (beide muttersprachlich)

Zu den Unterlagen von Marc Edwards, Junior Test Engineer

Wir sehen hier ein Berufsprofil mit **Foto**. Es wäre aber auch ohne Foto gut vorstell- und einsetzbar. Dieser Kandidat zeigt Ihnen den großen Spielraum, der Ihnen trotz minimaler Fläche bleibt, um sich vorzustellen und Ihre Leistungen zu vermitteln.

Der IT-ler in diesem Beispiel legt seine Kompetenzen ausführlich dar und benutzt dafür das entsprechende Fachvokabular. Seine Präsentation ist dennoch spannend und schnell erfassbar. Darauf kommt es an! Oben bei den persönlichen Daten verweist Marc Edwards auf sein LinkedIn-Profil – das ist als Ergänzung äußerst sinnvoll: Während der Empfänger sich über das Profil ein umfassendes Bild über die Kompetenzen des Bewerbers machen kann, erfährt er beim Betrachten des LinkedIn-Profils mehr Details zu dessen beruflichem Werdegang.

Einschätzung

Eine neue sehr effektive Form der beruflichen Selbstdarstellung! Probieren Sie es aus, verschicken Sie Ihr Profil per Mail und gelangen so schnell an Ihr Ziel.

11. Lektion Sonderform der Bewerbung: Das Profil

Hier meinen wir nicht Ihr Profil in einer Business-Community, sondern bezeichnen eine spezielle Form von Bewerbungsunterlagen. Ihrem Profil kommt eine ähnlich wichtige Bedeutung zu wie Ihrem Lebenslauf. Es hat die spezielle Funktion, Ihr besonderes Angebot, Ihren USP (Alleinstellungsmerkmal, das, was Sie positiv von anderen Bewerbern unterscheidet) kurz und knapp zu vermitteln sowie Ihre Problemlösungsfähigkeit überzeugend zu vermitteln. Das leistet Ihr Lebenslauf auch, aber in deutlich anderer Form. Bei beiden geht es um den Nachweis Ihrer speziellen Kompetenz, hohen Leistungsmotivation und besonderen Persönlichkeit (KLP).

Ihr Profil soll vor allem in ganz kurzer Form Auskunft darüber geben, was Sie aktuell leisten und auch schon geleistet haben, um einen Personalentscheider sicherer abschätzen zu lassen, ob er Ihnen die neue Aufgabe zutrauen kann.

Ein gutes (papierenes oder auch digitales) Profil, das Sie auch ohne weitere Anlagen, nur mit einem kurzen Anschreiben, verschicken können, kann Ihnen wesentlich dabei helfen, im Bewerbungsprozess weiterzukommen.

Ihr Profil bildet die wichtigsten »Marker« ab, die erkennen lassen, dass Sie für die zu besetzende Position, die anstehenden Probleme, Aufgaben etc. die richtige, bestgeeignete Person sind. Es sollte also sehr genau auf die Position oder für die Art der Problemlösungen, für die Sie sich bewerben, ausgerichtet sein. Sie führen an, was Sie für diese Aufgaben besonders qualifiziert und interessant macht. Alles andere lassen Sie weg. Ihr Profil sollte deshalb maximal zwei Seiten umfassen, besser nur eine! Für Ihr Profil (genau dies ist auch die Überschrift) gelten die gleichen Layoutregeln (Stichwort Ästhetik) wie für den Lebenslauf.

Ausgewählte Themen-, Überschriftenvorschläge, die Ihr (Angebots-) Profil abbilden.

- Vor- und Zuname, Geburtsdatum/-ort
- Berufsbezeichnung
- Kontaktdaten (nur die wichtigsten)
- Ausbildungshintergrund
- Schwerpunktkenntnisse und Erfahrungen (sehr wichtig!)
- durchgeführte Projekte und erzielte Erfolge
- ggf. berufliche Auslandsaufenthalte
- Weiterbildung und Seminare
- ggf. Mitgliedschaften in Verbänden und Fachgremien
- Sprachkenntnisse
- EDV-Kenntnisse
- Führerscheine/Lizenzen
- ggf. Veröffentlichungen, Vorträge
- ggf. Lehr- und/oder Prüfungs- und/oder Gutachtertätigkeit
- Interessen, Engagement, Hobbys

BEWERBUNG — KOORDINATORIN — BEWERBUNG

Sandra Meiner
Möllegatan 4
21420 Malmö / Schweden

Nordlicht Sprachreisen GmbH
Frau Dr. Sylvia Engel
Weidendamm 16
21109 Hamburg

Malmö, 10.05.2017

Sehr geehrte Frau Dr. Engel,

die auf Ihrer Homepage ausgeschriebene Position hat meine besondere Aufmerksamkeit erregt, da ich gerade eine neue berufliche Herausforderung in einem nordeuropäischen Umfeld suche.

Ihre Anforderungen erfülle ich durch sechsjährige Berufspraxis bei internationalen Austauschorganisationen. Regionaler Schwerpunkt meiner derzeitigen Tätigkeit ist Schweden. Als Programm-Koordinatorin bin ich für den gesamten Ablauf der Programme verantwortlich, wobei der Schwerpunkt auf der Kundenbetreuung liegt. Meine frühere Tätigkeit als Exportassistentin sowie das Studium der europäischen BWL stellen dafür ausgezeichnete Voraussetzungen dar.

Besonderes Kommunikationsvermögen, Belastbarkeit und Organisationstalent haben mir Kollegen und Vorgesetzte häufig bestätigt. Aufgrund meiner guten Englisch- und Schwedischkenntnisse kann ich auch mit Norwegern und Dänen kommunizieren.

Ich freue mich sehr auf die Gelegenheit, mich persönlich mit Ihnen auszutauschen.

Mit freundlichen Grüßen

Sandra Meiner

Anlagen

LEBENSLAUF — SANDRA MEINER — LEBENSLAUF

Sandra Meiner
Möllegatan 4
21420 Malmö / Schweden
Tel. +46 40 755 99 31
E-Mail: sandra-meiner@gmail.com
geb. 10.07.1981 in Brome, unverheiratet

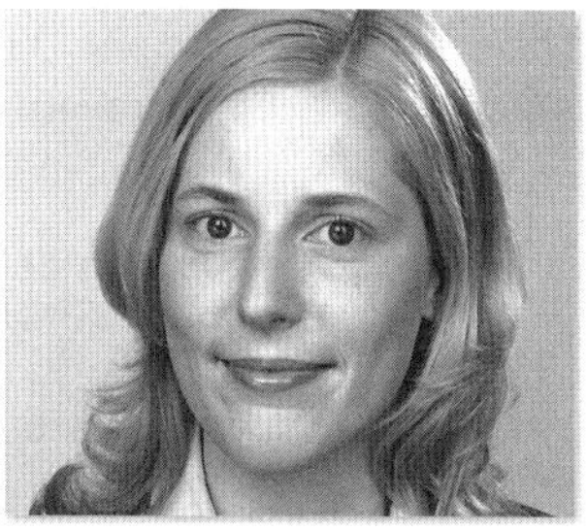

Berufliche Erfahrungen

04.2015 – 07.2017 DEE Exchange EU GmbH, Malmö

Programm-Koordinatorin
(Schwangerschaftsvertretung)

- Beratung von Bewerbern für Austauschstudien in Schweden
- Organisation und Durchführung von Vorbereitungs-Workshops
- Kontakt mit deutschen und schwedischen Universitäten
- Konferenzen, Berichte und Statistiken

03.2011 – 12.2014 DAAD, Berlin

Assistentin des Geschäftsführers

Organisation, Beratung von Kunden, Vertragsgestaltung und -abwicklung

08.2003 – 12.2009 Inger Lloyd, Bremerhaven

Exportassistentin

Verkaufsabwicklung, Kontrolle des Zahlungsverkehrs, Kundenbetreuung

LEBENSLAUF — SANDRA MEINER — LEBENSLAUF

Ausbildung

10.2014 – 03.2015	Schwedisch- und Englischkurse Sprachenatelier Berlin
2003 – 2006	Diplom (FH) Europäische BWL Europäische Fernhochschule Hamburg
2003	Fachhochschulreife Abendgymnasium Bremen
1998 – 2001	Abgeschlossene Ausbildung zur Außenhandelskauffrau, Bremerhaven
1998	Realschulabschluss, Brome

Auslandsaufenthalte

seit 06.2015	Schweden: Berufstätigkeit mit Sprachpraxis
01. – 12.2010	Schweden, Dänemark, Norwegen: Jobs, Familienbesuche, Sprachpraxis
07. – 10.2006	Großbritannien: Reisen, Sprachpraxis

Sprachkenntnisse

Englisch	verhandlungssicher
Schwedisch	fließend
Französisch	Grundkenntnisse

IT-Kenntnisse

Bürosoftware	MS Word, Excel, Access, Outlook, Project, PowerPoint
Programmieren	Grundkenntnisse in HTML

Freizeitinteressen

Kultur	Kino, Impro-Theater
Sport	Badminton, Windsurfen

Malmö, 10.05.2017

Sandra Meiner

ANLAGEN — SANDRA MEINER — ANLAGEN

Arbeitszeugnisse

DEE Exchange EU GmbH, Malmö	**Programm-Koordinatorin** (Zwischenzeugnis)
DAAD, Berlin	**Assistentin des Geschäftsführers**
Inger Lloyd, Bremerhaven	**Exportassistentin**

Ausbildungszeugnisse

Europäische Fernhochschule Hamburg	**Diplom (FH) Europäische Betriebswirtschaftslehre**
Abendgymnasium Bremen	**Fachhochschulreife**
Themann & Söhne Export GmbH, Bremerhaven	**Ausbildung zur Außenhandelskauffrau**

Referenzen

DEE Exchange EU GmbH	Sven Nyberg (Geschäftsführer) Carl Gustafs väg 20 21420 Malmö/Schweden Tel. +46 40 9323 1298 E-Mail: sven@dee.exchange.com
Deutscher Akademischer Austauschdienst DAAD	Dr. Arno Hinz (Referatsleiter) Markgrafenstraße 37 10117 Berlin Tel. 030 204 12 674 E-Mail: drarnohinz@daad.de
Ev. Markusgemeinde	Henriette Calau (Pfarrerin) Lange Straße 4 27580 Bremerhaven Tel. 0471 44 92 45

Zu den Unterlagen von Sandra Meiner, Koordinatorin für Sprachreisen

Sandra Meiner hat für ihre Bewerbung das A4-Querformat gewählt, garantiert ein Blickfang! (Wir präsentieren Ihnen die Bewerbung hier verkleinert, im **Online Content**, siehe Seite 10, finden Sie sie in Originalgröße.) Die Bewerberin beginnt ihr **Anschreiben** mit einer interessanten Kopfzeile, die hier auch als Betreffzeile fungiert und sich mit anderem Text, aber gleichem Layout auf den folgenden Seiten wiederholt. Der zweispaltige Druck ist gut lesbar und wirkt professionell. In wenigen, gut formulierten Sätzen legt Sandra Meiner überzeugend dar, warum sie eine wirklich geeignete Kandidatin für den zu besetzenden Arbeitsplatz (Koordinatorin) ist. Für die Qualifikation von besonderer Bedeutung sind ihre Sprachkenntnisse, weshalb sie diese bereits im Anschreiben näher ausführt. Ihr letzter Satz zeugt nicht nur von gesundem Selbstbewusstsein, sondern knüpft in der Wortwahl auch an ihren Arbeitsbereich an. An das ungewöhnliche Format hat sich das Auge immer noch nicht richtig gewöhnt, da erblicken wir das **Foto** der Kandidatin auf der ersten Seite des **Lebenslaufs**, ebenfalls im Querformat – ein offener und intensiver Blick fesselt den Betrachter.

Durch Angaben im ersten Block »Berufliche Erfahrungen« signalisiert Sandra Meiner, dass ihre Stelle befristet und sie deshalb besonders motiviert ist, etwas Neues zu finden. Diese aktuelle Berufsstation erläutert sie wesentlich detaillierter als die anderen beiden – das ist inhaltlich sinnvoll, zudem wird der Text auf diese Weise optimal auf die beiden Spalten aufgeteilt. Bei ihren beruflichen Stationen gibt die Bewerberin den Arbeitgeber zuerst an, betont aber ihre Tätigkeit durch Fettschrift. Auf der zweiten Seite finden wir Informationen zu Ausbildung, wichtigen Auslandsaufenthalten sowie zu Kenntnissen und Interessen.

Die beiden Spalten des **Anlagenverzeichnisses** sind aufgeteilt nach Arbeits- und Ausbildungszeugnissen sowie Referenzen. In diese – international übliche – Übersicht über Auskunftsmöglichkeiten schließt Sandra Meiner nicht nur ihre früheren Arbeitgeber, sondern auch eine Pfarrerin ein. Damit lässt sie Rückschlüsse auf ihre Konfessionszugehörigkeit zu. Diese darf zwar in Bewerbungen nicht erfragt werden, aber wenn Sandra Meiner darauf verweisen möchte, um so bestimmte Wertvorstellungen von sich zu vermitteln, ist diese Form eine Möglichkeit.

Einschätzung

Diese Bewerbung vereint kreative optische Anreize, inhaltliche Argumente und einen übersichtlichen Aufbau. Sie räumt der Bewerberin gute Chancen ein.

Alternativbild
Vergleichen Sie dazu das **Bewerbungsfoto** auf ▸ **Seite 81**.

12. Lektion Greifen Sie vor der Bewerbung zum Telefon

Die meisten Bewerber tun sich schwer damit, ihren potenziellen Arbeitgeber anzurufen. Lediglich 10 Prozent der Bewerber greifen selbst zum Telefon. Dabei liegen die Vorteile eines Telefonats klar auf der Hand: Durch einen gut vorbereiteten Anruf können Sie Ihre Kommunikationsfähigkeit unter Beweis stellen. Schließlich suchen die meisten Unternehmen kontaktfreudige und kommunikative Mitarbeiter. Außerdem erfahren Sie evtl. auf diese Weise Details, die Ihnen bei Ihrer schriftlichen Bewerbung sehr nützlich sein könnten.

Durch ein Vorabtelefonat wecken Sie Interesse und können Sympathie für sich gewinnen. Der Faktor Sympathie entscheidet maßgeblich bei der Bewerberauswahl. Je häufiger Sie das Telefon in der Bewerbungssituation einsetzen, umso geübter und auch erfolgreicher werden Sie.

Beate Kramer-Petzow, Dipl.-Bibliothekarin

Parkstraße 58, 14469 Potsdam, Tel.: 0331 438523, Mobil: 0176 487533, E-Mail: B.KramerPetzow@yahoo.de

Bibliothek des Walter-Stein-Instituts
für Kulturpflanzen
Herrn Peter Ohnesorge
Friedrich-Ebert-Straße 75
14467 Potsdam

Potsdam, 03.04.2017

Suchen Sie aktuell oder demnächst eine kompetente Bibliothekarin?

Sehr geehrter Herr Ohnesorge,

herzlichen Dank für das nette und informative Telefonat am heutigen Vormittag.
Wie besprochen sende ich Ihnen meine vollständigen Bewerbungsunterlagen.
Im Folgenden ein kurzes Profil von mir:

- Diplom-Bibliothekarin, 57 Jahre alt, in ungekündigter Stellung
- 26 Jahre Berufserfahrung in unterschiedlichen wissenschaftlichen Bibliotheken
- Bestens vertraut mit allen bibliothekarischen Aufgaben
- Hoch motiviert, leistungsstark und zielorientiert

Es wäre mir eine große Freude, in Zukunft für Ihre Bibliothek zu arbeiten und sie professionell voranzubringen. Über eine Einladung zu einem Vorstellungsgespräch würde ich mich sehr freuen. Ich bin mir sicher, Sie von meinen Fähigkeiten überzeugen zu können.

Mit freundlichen Grüßen

Beate Kramer-Petzow

Anlagen

Parkstraße 58, 14469 Potsdam, Tel.: 0331 438523, Mobil: 0176 487533, E-Mail: B.KramerPetzow@yahoo.de

Zunächst zu meiner Person

Beate Kramer-Petzow

Geboren am 15.03.1960 in Hattingen (Ruhr)

Verheiratet, keine Kinder

Meine beruflichen Kenntnisse und Fertigkeiten

- Bestens vertraut mit allen Aufgaben einer OPL-Bibliothek
- Jahrelange Erfahrung im Auskunftsdienst an unterschiedlichen wissenschaftlichen Bibliotheken
- Fit in der Regensburger Verbundklassifikation sowie der Dewey-Dezimalklassifikation
- Gute Kenntnisse der inhaltlichen Erschließung mit einem Thesaurus
- Fundierte Kenntnisse in den Bibliothekssystemen allegro, ALEPH 500 und PICA
- Erfahrungen in der Verbundkatalogisierung
- Sehr gute Regelwerkskenntnisse (RAK-WB, RAK-NBM, ZETA), Grundkenntnisse der RDA sowie Kenntnisse der Normdateien PND, SWD, GKD und GND
- Eigenverantwortliche Überwachung und Verwaltung des Etats
- Umfangreiche Erfahrungen in der Öffentlichkeits- und Veranstaltungsarbeit
- Erfahrungen im Aufbau eines digitalen Bildarchivs

Beate Kramer-Petzow, Dipl.-Bibliothekarin
Parkstraße 58, 14469 Potsdam, Tel.: 0331 438523, Mobil: 0176 487533, E-Mail: B.KramerPetzow@yahoo.de

Lebenslauf

Berufliche Tätigkeiten

Seit 04/2012

Dipl.-Bibliothekarin an der Bibliothek des Moritz-Berger-Instituts für Wissenschaftsgeschichte, Berlin

- Eigenverantwortliche Organisation einer OPL-Bibliothek
- Verantwortung für den Internetauftritt der Bibliothek
- Datenbankadministration

08/2002 – 03/2012

Dipl.-Bibliothekarin an der Bibliothek des Zentralinstituts für Kunstgeschichte, Münster

- Inhaltliche Erschließung des Bestandes mit einem Thesaurus
- Veranstaltungs- und Öffentlichkeitsarbeit
- Auskunftsdienst
- Mitarbeit an einem Verbundkatalogisierungsprojekt
- Mitarbeit an der Digitalisierung eines Bildarchivs

07/2001 – 07/2002

Auslandserfahrung an der Bibliothek der Madison School of Library and Information Science (SLIS)

- Kennenlernen einer amerikanischen Universitätsbibliothek und des amerikanischen Ausbildungswesens im Bibliotheksbereich

06/1997 – 06/2001

Dipl.-Bibliothekarin an der Bibliothek der Fachhochschule Aachen, Bereichsbibliothek Architektur und Bauingenieurwesen

- Inhaltliche Erschließung des Bestandes
- Vermittlung von Informationskompetenz
- Systematisierung des Bestandes

05/1996 – 05/1997

Dipl.-Bibliothekarin an der Erzbischöflichen Dom-Bibliothek, Köln

- Mitarbeit an der Retrokonversion des Systematischen Katalogs der Bibliothek
- Auskunftsdienst
- Mitarbeit beim Bestandsaufbau

01/1991 – 12/1995

Dipl.-Bibliothekarin an der Deutschen Zentralbibliothek für Medizin, Köln

- Formalkatalogisierung nach RAK-WB
- Mitarbeit an der Fernleihe
- Erstellung von Bibliografien
- Meldung der Zeitschriften an die Zeitschriftendatenbank

Parkstraße 58, 14469 Potsdam, Tel.: 0331 438523, Mobil: 0176 487533, E-Mail: B.KramerPetzow@yahoo.de

Berufliche Fortbildung

1996 – 2016	Teilnahme an verschiedenen Bibliothekartagen
03/2013	Berliner Arbeitskreis Information, Berlin Seminar E-Books an wissenschaftlichen Bibliotheken
06/2009	BIB-Landesgruppe Niedersachsen, Osnabrück Exkursion nach Berlin: Besichtigung des Bildarchivs des Deutschen Historischen Museums
02/2005 – 04/2005	BIB-Landesgruppe Nordrhein-Westfalen, Münster Kompaktkurs Verbundkatalogisierung mit ALEPH 500
10/2002	BIB-Landesgruppe Nordrhein-Westfalen, Münster Seminar Umgang mit schwierigen Bibliothekskunden
09/1999	BIB-Landesgruppe Nordrhein-Westfalen, Köln Kurs Mindmapping für Bibliotheken
04/1997 – 05/1997	Hbz – Hochschulbibliothekszentrum des Landes Nordrhein-Westfalen, Köln, Seminar zum Bibliotheksurheberrecht
01/1994 – 02/1994	Hbz – Hochschulbibliothekszentrum des Landes Nordrhein-Westfalen, Köln, Kompaktkurs der Katalogisierungsregeln ZETA, Form und Konvention der Zeitschriftentitelaufnahmen für die Zeitschriftendatenbank

Studium

1981 – 1989	Studium zur Dipl.-Bibliothekarin (FH) Fachhochschule Köln, Abschlussnote: sehr gut

Schulischer und beruflicher Werdegang

1978 – 1981	Ausbildung zur Bibliotheksassistentin Stadtbibliothek Remscheid
1970 – 1978	Gymnasium Waldstraße, Abschluss Fachhochschulreife

Parkstraße 58, 14469 Potsdam, Tel.: 0331 438523, Mobil: 0176 487533, E-Mail: B.KramerPetzow@yahoo.de

Sonstige Kenntnisse

Sprachkenntnisse	Englisch fließend in Wort und Schrift Grundkenntnisse in Spanisch
IT-Kenntnisse	Sehr gute MS-Office-Kenntnisse Fundierte Kenntnisse der Bibliothekssysteme allegro, ALEPH 500 und PICA Gute Kenntnisse in der Websiteerstellung mit dem Content-Management-System Typo3 Sehr gute Kenntnisse in der Internetrecherche und im Umgang mit Fachdatenbanken, E-Books und Sozialen Medien im Internet

Auslandsreisen und Interessen

1989–1990	Reisen durch Asien, Amerika, Australien
Mitgliedschaften	Mitglied im BIB – Berufsverband Information Bibliothek e. V., Mitglied in der Kommission für One-Person-Librarians (OPL)
Hobbys	Reisen, Natur- und Pflanzenfotografie, Dokumentarfilme

Potsdam, 03.04.2017 Beate Kramer-Petzow

Zu den Unterlagen von Beate Kramer-Petzow, Dipl.-Bibliothekarin

Die Bewerbung beginnt mit einem kurzen, aber um so überzeugenderen **Anschreiben**. Die Kandidatin eröffnet es sehr ungewöhnlich mit einer Frage in der Betreffzeile, die selbstbewusst gestellt wird. Bei dieser **Initiativbewerbung** wurde auch vorab telefoniert. Dies spricht für das Engagement von Beate Kramer-Petzow. Mit einem Kurzprofil stellt sich die Kandidatin vor und beendet das Anschreiben auch wieder sehr selbstbewusst mit dem Hinweis, dass sie sich sicher ist, den Ansprechpartner von ihren Fähigkeiten überzeugen zu können. Ein guter Auftakt, wenn auch ein wenig gewagt. Doch wer nicht wagt, auch nicht gewinnt …

Die sich anschließende Übersichtsseite mit **Foto**, persönlichen Daten und beruflichen Kenntnissen und Fertigkeiten überrascht mit ihrer klaren, übersichtlichen und informativen Gestaltung. Statt des erwarteten Lebenslaufs bekommen wir nun zunächst ein ausführliches Profil der beruflichen Fertigkeiten der Bewerberin. Damit sammelt die Kandidatin garantiert Pluspunkte. Der Briefkopf aus dem Anschreiben wiederholt sich im Lebenslauf und zeigt eine kleine ästhetisch wohlgestaltete Kopfzeile mit Namen und Berufsbezeichnung über einer Linie und Anschrift darunter. Der Leser weiß damit stets, mit wem er es zu tun hat. Die ungewöhnliche, moderne Schrift sticht hervor und lässt die Bewerbung einzigartig erscheinen. Das Foto wirkt auch wieder sehr dynamisch durch den leichten Anschnitt oben. Der dunkle Hintergrund lässt das Gesicht der Kandidatin leuchten. Und ein schönes, sympathisches Lächeln nimmt den Betrachter für sie ein.

Der dreiseitige **Lebenslauf** ist umfangreich, optisch jedoch sehr ansprechend gestaltet. Die erste Seite zeigt übersichtlich und ausführlich die einzelnen beruflichen Stationen auf. Bei jeder Position bekommen wir auch Informationen über die Aufgaben, für die die Kandidatin zuständig war. Da die Auflistung in der amerikanischen Form, d.h. vom Aktuellen in die Vergangenheit vorgenommen wurde, nehmen wir zuerst die neuesten Daten wahr. Damit wissen wir sofort, wo die Kandidatin momentan beschäftigt ist. Obwohl hier zahlreiche berufliche Stationen genannt sind, ist alles übersichtlich und sehr gut lesbar.

Die nächste Seite informiert über die beruflichen Fortbildungen, das Studium sowie den schulischen und beruflichen Werdegang. Der Leser bekommt einen guten Eindruck von der Lernbereitschaft von Beate Kramer-Petzow, da sie während ihrer Berufsjahre zahlreiche Fortbildungen absolviert hat. Zusammen mit ihrem Studium erwähnt sie ihre sehr gute Abschlussnote. Wenn die Note gut oder sehr gut ist, ist es durchaus zu empfehlen, diese anzugeben. Falsche Bescheidenheit wäre hier völlig fehl am Platz!

Die letzte Seite präsentiert die sonstigen Kenntnisse sowie Auslandsreisen und Interessen. Auch hier punktet die Kandidatin. Die IT-Kenntnisse sind sehr umfangreich und genau mit einer Einstufung des Niveaus beschrieben. Oft werden hier wenig aussagekräftig nur die einzelnen Anwendungen und Programme aufgelistet. Die aufgeführten Reisen machen neugierig auf die Kandidatin und die Mitgliedschaften spiegeln ihr berufliches Engagement wider.

Einschätzung

Dies ist eine ästhetisch gelungene Initiativbewerbung mit Aussagekraft, in der die Kandidatin einen sehr kompetenten und engagierten Eindruck macht.

13. Lektion Setzen Sie (auch) auf Initiativbewerbungen

Experten gehen davon aus, dass etwa 20 bis 30 Prozent aller Arbeitsplätze an Initiativbewerber vergeben werden. Personalchefs interpretieren diese Form des Vorgehens als Hinweis auf eine starke Motivation sowie auf Ziel- und Erfolgsorientierung. Logisch, dass solche Bewerber bevorzugt werden, wenn es die Stellensituation zulässt.

Das entscheidende Kommunikationsziel bei der Initiativbewerbung ist das gekonnte Beantworten der Frage, warum man sich gerade für dieses spezielle Unternehmen interessiert und was man Besonderes anzubieten hat. Natürlich sind das Aspekte, die es bei jeder Bewerbung inhaltlich zu füllen gilt. Bei einer Initiativbewerbung ist dies jedoch eine ganz besondere Herausforderung, denn es kommt darauf an, einen vielleicht noch gar nicht erkannten Bedarf zu wecken. Zugegeben: es liegt nicht jedem, sich selbst (optimal) zu inszenieren (Stichwort »Beweihräucherung«), insbesondere beim Thema berufliche Leistungskraft! Wenn Ihnen das schwerfällt, lassen Sie sich von jemandem aus ihrem Umfeld oder von Experten helfen!

Ruder in die Hand nehmen:

Bewerbungen von Führungskräften

Bewerbungen um leitende Positionen folgen eigenen Regeln, eine perfekte Selbstpräsentation über die Bewerbungsunterlagen ist hier von entscheidender Bedeutung. Führungskräfte müssen ihre besonderen Kompetenzen überzeugend darstellen, ihre berufliche Leistungsfähigkeit sowie Erfahrung ins rechte Licht rücken und ihre Führungsqualitäten belegen.

Wir zeigen Ihnen vier erfolgreiche Beispiele: Bei zwei davon geht es um leitende Positionen im Marketing- und Vertriebsbereich, eine Ingenieurin bewirbt sich um eine Projektleitungsstelle und ein Betriebswirt als Niederlassungsleiter.

Manuela Szcervow Diplom-Betriebswirtin
Landsburger Allee 10, 35110 Marburg • Telefon: 06421 66 99 12 34 • E-Mail: MSzcervow@gmx.de

Cyberlearn Login AG
Herrn Dr. Martin Anschuh
Vertriebsdirektor
Hans-Bäumler-Str. 111
80225 München

Marburg, 4. Mai 2017

Unser Telefonat heute, Stichwort Vertrieb

Sehr geehrter Herr Dr. Anschuh,

vielen herzlichen Dank für das angenehme, ausführliche und sehr informative Telefonat.
Ich bin sehr interessiert, die angeschnittenen Themen noch weitaus detaillierter und intensiver mit Ihnen zu besprechen.

Da mich seit jeher die vielfältigen Möglichkeiten des Marketing sehr interessieren und ich es überaus faszinierend finde, welch große Erfolge man mit einem professionellen und überzeugenden Marketing für ein Unternehmen erzielen kann, habe ich meinen beruflichen Schwerpunkt in diesen Bereich gelegt. Es bereitet mir große Freude, den Markt konsequent zu beobachten, mich mit großer Flexibilität in die Zielgruppen hineinzuversetzen und mit einem sicheren Gespür für Trends erfolgreiche Marketing-Strategien zu erarbeiten und zielgerichtet zu realisieren.

Seit über sieben Jahren bin ich in ungekündigter Position für ein führendes international engagiertes Unternehmen aus der Lernsoftware- und Lernhardware-Branche tätig. Als International Director Special Markets verantworte ich das Geschäft mit öffentlichen Einrichtungen wie Universitäten, Schulen und großen Privatunternehmen auf dem Bildungssektor.

Mit meinem internationalen Team habe ich in den letzten Jahren sehr viele Großprojekte gewonnen und erfolgreich umgesetzt. In den letzten drei Jahren konnte ich ein überdurchschnittliches Wachstum von jährlich 4,5 Prozent für unser Unternehmen erzielen.

Vor meiner aktuellen Position habe ich zehn Jahre erfolgreich als Marketing- & Produktmanagerin mit sehr viel Leitungsverantwortung im Bereich Consumer Electronic und Marketingkommunikation wegweisende Produktportfolios entwickelt und vermarktet. Dabei trug ich die Verantwortung für bedeutende Etatvolumen.

Jetzt ist für mich der passende Zeitpunkt, eine neue Aufgabe mit entsprechender Gesamtverantwortung für Marketing und Vertrieb anzustreben. Dafür kann ich auf meine internationale Führungserfahrung sowie auf meine soliden Vertriebs- und Marketingfachkenntnisse aus mehreren Branchen verweisen und Ihnen versichern, in der neuen Herausforderung ebenso erfolgreich zu agieren wie bisher.

Ich freue mich, wenn Sie mein Profil passend für die Anforderungen der beschriebenen Position finden und mich zur Fortsetzung unseres Gespräches einladen.

Gern höre ich von Ihnen
und verbleibe bis dahin

mit freundlichen Grüßen von Marburg nach München

Manuela Szcervow

Bewerbungsunterlagen

für die **Cyberlearn Login AG**

Marburg, 4. Mai 2017

Manuela Szcervow

Manuela S. Szcervow
Diplom-Betriebswirtin

▸ Kommentar Seite 98

Manuela Szcervow Diplom-Betriebswirtin
Landsburger Allee 10, 35110 Marburg • Telefon: 06421 66 99 12 34 • E-Mail: MSzcervow@gmx.de

NAME	**Manuela Szcervow**
GEBOREN	am 17. April 1960 in Brance (Kroatien)
FAMILIENSTAND	verheiratet, mobil, zwei erwachsene Söhne
TELEFON	06421 / 66 99 12 34
FAX	06421 / 66 99 12
MOBIL	0170 / 922 66 99
E-MAIL	MSzcervow@gmx.de

PROFIL

International erfahrene Vertriebs- und Marketingexpertin im Bereich Handel und Kommunikationstechnologie

- Seit 20 Jahren erfolgreiche Leitung von nationalen und internationalen Vertriebsorganisationen
- Leitung einer DACH-Vertriebsniederlassung
- Konzeption eines Handelsmarketing mit operativer Umsetzung und Kontrolle
- Kommunikationsprofi mit gutem Gespür für Markt und Trends
- Aufbau und Pflege eines globalen Netzes von langjährigen Partnerschaften mit Absatzmittlern und Opinion Leadern
- Spezialistin für Effizienzsteigerung in Vertriebsprozessen
- Umsatz- und Ergebnisverantwortung für bis zu 19 Mio. €
- Verantwortung für Personal- und Sachbudgets von bis zu 15,5 Mio. € und 45 Mitarbeitern
- Mehrjährige Gremientätigkeit im Beirat einer Fachmesse und Redaktionsbeirat für Fachzeitschrift Markt & Sales

ANGESTREBTE POSITION

Nationale und/oder internationale Vertriebs- und/oder Marketingposition

AKTUELLE POSITION

Director Sales Special Markets INTERNATIONAL bei der LSHW Rent GmbH, München

BESONDERE FÄHIGKEITEN

Hohe Kontakt- und Kommunikationsfähigkeit
Starke Ziel- und Problemlösungsorientierung
Ausgeprägte Führungs- und Überzeugungsstärke

Manuela Szcervow Diplom-Betriebswirtin
Landsburger Allee 10, 35110 Marburg • Telefon: 06421 66 99 12 34 • E-Mail: MSzcervow@gmx.de

Beruflicher Werdegang

SEIT APRIL 2011

Director Sales Special Markets INTERNATIONAL
LSHW Rent GmbH, München

Vertriebsverantwortung für Spezial-Lernsoftware und -Lernhardware in Ausbildungs- und Forschungseinrichtungen bei öffentlichen Einrichtungen und privaten Key Accounts

Führungsverantwortung für bis zu 20 Mitarbeiter;
funktionell verantwortlich für 18 internationale Vertriebsteams;
globale Umsatz- und Ergebnisverantwortung in Höhe von bis zu 19 Mio. €

Herausforderung: Schaffung einer Vertriebsstruktur zur besseren Planbarkeit eines volatilen Geschäftes

Erfolge: Einführung von CRM mit konsequentem Leadmanagement; Entwicklung eines global angewandten Vertriebsprozesses in 7 Stufen; dadurch Verbesserung der Projekttransparenz, Steigerung des Leadvolumens und Erhöhung der Conversion Rate

MÄRZ 2011
JULI 2008

Geschäftsführung DACH
Freizeit & Camping Zubehörteil GmbH, Herschedde

Führen der Niederlassung mit bis zu 25 Mitarbeitern; Umsatz- und Ergebnisverantwortung für einen hohen einstelligen Mio. € Betrag; Key Account Management und Akquisition von Teile-Nachbaulizenzen

Herausforderung: Stabilisierung der Umsatz- und Ergebnissituation nach jeder Sommersaison

Erfolge: Komplette Umstellung des Direktvertriebs auf Fachgroßhandel und Handelsvertreter innerhalb von 18 Monaten. Konzentration und Ausbau der bestehenden Nachbaulizenzen

Manuela Szcervow Diplom-Betriebswirtin
Landsburger Allee 10, 35110 Marburg • Telefon: 06421 66 99 12 34 • E-Mail: MSzcervow@gmx.de

Beruflicher Werdegang

JUNI 2008
SEPTEMBER 1997

Stellv. Leiterin Marketing, Produktmanagement;
Mitglied des Management-Leitungsteams
Headphone Telekommunikation GmbH, Hamburg

Ergebnisverantwortliches Führen von Teilbereichen (Etat bis 5 Mio. €) in Marketing und Produktmanagement einschließlich des Einkaufs von Fertigprodukten. Führungsverantwortung für 12 Mitarbeiter; Schaffung einer neuen Absatzplattform im B2B; dadurch Personalverantwortung für bis zu 10 weitere Mitarbeiter

Heraus-forderung: Neuausrichtung und Aufbau eines schnelldrehenden Fertigungs- und Lieferprogramms; Wiederherstellen von Vertrauen beim Handel nach einer Reihe von Qualitätseinbrüchen

Erfolge: Aktualisierung des Programms durch bewusste Schaffung von Stiltrends und Testimonials;
Einführung neuer Acustic-Headphone-Designs zur Verjüngung der Kernzielgruppe;
Aufbau eines Handelsmarketing mit operativer Umsetzung und Kontrolle

JULI 1997
MAI 1990

Etatdirektorin
Landauer, Klang & Böhnke Werbeagentur, Marburg

Verantwortlich für die Kundenbetreuung in Bezug auf Kommunikationsstrategie, Umsetzung, Timing und Budget; Mitarbeit an der Akquisition vom Neugeschäft; Personalverantwortung für bis zu 4 Teamassistenten

APRIL 1990
MÄRZ 1988

Produktmanagerin für neue Vertriebssysteme
Eduscho Frisch Röst Kaffee AG, Hamburg

Verantwortlich für Standortanalyse, Entwicklung und Realisation neuer Shop-in-Shop-Konzepte für bestehende Absatzstellen; Konzepterstellung für den LEH als neue Absatzplattform; Personalverantwortung für 5 Mitarbeiter

FEBRUAR 1988
OKTOBER 1985

Projektleiterin Verkaufsplanung
Remsma GmbH, München

Verantwortlich für die nationale Verkaufs- und Werbemittelplanung sowie für das Verdichten von Markt- & Wettbewerbsinformationen

Manuela Szcervow Diplom-Betriebswirtin
Landsburger Allee 10, 35110 Marburg • Telefon: 06421 66 99 12 34 • E-Mail: MSzcervow@gmx.de

Studium

SEPTEMBER 1985
MAI 1985

London School of Management, London

Teilnahme: Postgraduate Diploma
in Management Studies (Marketing)

APRIL 1985
SEPTEMBER 1982

Fachhochschule Braunschweig, FB Wirtschaft

Studium der Betriebswirtschaftslehre mit den
Schwerpunktfächern Marketing und Außenwirtschaft

Abschluss: Diplom-Betriebswirtin

JULI 1982
OKTOBER 1979

Pädagogik-Studium an der PH Braunschweig
Lehr- und Lern-Didaktik und Schulfach Englisch

Weitere Fertigkeiten und Interessen

PROZESSKENNTNISSE

- Problem Solving Process — sehr gute Kenntnisse
- Kaizen — sehr gute Kenntnisse
- Policy Deployment — sehr gute Kenntnisse
- Account Development Strategy — sehr gute Kenntnisse

SPRACHEN

- Englisch — sehr gute Kenntnisse

DIGITAL

- Microsoft Office — sehr gute Kenntnisse
- SAP — gute Kenntnisse

INTERESSEN
ENGAGEMENT
HOBBYS

- Mitglied in der Johan Fritz Kahlemann Gesellschaft
  im Museum für Kunst und Gewerbe, Marburg
- Nordic Walking, Fitness, Surfen
- Ich habe angefangen, Geige zu spielen,
  und ich liebe klassische Musik und s/w-Fotografie.

Marburg, 4. Mai 2017

Manuela Szcervow

Zu den Unterlagen von Manuela Szcervow, Dipl.-Betriebswirtin

Per E-Mail erreicht den Entscheider, mit dem vorab telefoniert wurde, ein recht ausführliches (wenn auch nur eine Seite umfassendes) **Anschreiben** mit einem noch viel umfangreicheren CV. So macht man es!

Die Betreffzeile ist bescheiden, aber sympathisch in einem schlichten, nahezu privaten Duktus getextet, als ob man sich schon lange kennt. Das kann sich nur eine sehr selbstbewusste Frau trauen. Mal schauen, was sie uns oder dem Empfänger alles anzubieten hat.

Erstaunlich: Auch ohne besondere Eyecatcher schafft es das Anschreiben, einen dichten und sehr ansprechenden Informationsfluss herzustellen. Erklärung: Es ist einfach gut getextet und in der Zeilenführung (Zeilenumbruch) ist nichts dem Zufall überlassen worden. Schauen und beurteilen Sie. Die Sätze transportieren den Gedanken bis zum Zeilenende und werden nicht einfach »umgeknickt«. Das bleibt nicht ohne Wirkung auf den Leser. Glauben Sie uns, auch wenn es viel Arbeit macht, es ist die Mühe wert!

Nun zum **CV:** Ein klassisches Deckblatt mit Unterschrift und einem Foto, auf dem die Kandidatin selbstbewusst und kompetent rüberkommt, eröffnet die umfangreiche berufliche Selbstdarstellung. Die Berufsbezeichnung darunter ist sehr hilfreich. So weiß der Empfänger sofort, mit welcher Berufsvertreterin er es zu tun hat. Ein gelungener Auftakt!

Auf der nun folgenden Seite erfahren wir neben den Sozialdaten vor allem, was die Kandidatin profiltechnisch anzubieten hat. Das ist gut gelöst, sehr überzeugend und wird am Ende auch noch getoppt durch die besonderen Fähigkeiten, die sie aufzuzählen weiß. Sehr schön! Erst jetzt, auf Seite 3, startet der berufliche Werdegang (gut gewählte Überschrift!). Hier ist die aktuelle berufliche Situation, die Ausgangsbasis, sehr ausführlich beschrieben. Die Blöcke »Herausforderung« und »Erfolge« werden über die letzten drei Berufsstationen (immerhin 20 Jahre) beibehalten und geben hervorragend Auskunft, wie die berufliche Entwicklung von Manuela Szcervow verlaufen ist. Beeindruckend! Auf Seite 4 erfahren wir nun zum Abschluss etwas vom Studium und weiteren Kenntnissen, die hier mit Einschätzung des Niveaus aufgeführt sind. Dann folgen Interessen, Engagement und Hobbys, die nochmals die Persönlichkeit der Bewerberin unterstreichen, und wieder die handschriftlich eingesetzte Unterschrift. Hier im Buch nicht mehr aufgeführt sind Anlagenverzeichnis, Arbeitszeugnisse und Referenzadressen.

Einschätzung

Eine wirklich beeindruckende, gut durchkomponierte Bewerbung mit überzeugendem Anschreiben.

14. Lektion – Was in eine Bewerbungs-Mail gehört und was nicht

Die meisten Unternehmen bevorzugen eine digitale »Bewerbungsmappe« per E-Mail. Wenn Sie jedoch Zweifel haben, empfehlen wir Ihnen eine kurze telefonische Nachfrage. Das wird toleriert und schafft absolute Klarheit. Ihre E-Mail-Bewerbung wird nur erfolgreich sein, wenn Sie bestimmte Regeln beherzigen.

Folgende Varianten sind gängig:

1. **E-Mail-Kurzbewerbung:** Ein kurzes Anschreiben (ca. 5 Zeilen) sowie Ihr berufliches Profil (ca. 20 Zeilen) stehen in der E-Mail selbst.
2. **Anschreiben in der E-Mail:** Sie platzieren ein kurzes Anschreiben (ca. 5–10 Zeilen) in der Mail und fügen Ihren Lebenslauf (und Ihre wichtigsten Zeugnisse) als Anhang bei.
3. **Gesamte Bewerbung im Anhang:** Mit einem kurzen E-Mail-Text von ca. 5 Zeilen kündigen Sie Ihre kompletten Bewerbungsunterlagen an; der Anhang enthält Anschreiben, Werdegang, Zeugnisse, ggf. Arbeitsproben.

Typische Fehler bei der E-Mail-Bewerbung:

- Irreführende Dateinamen (Positivbeispiel: *Tim_Weiß_Bewerbungsunterlagen*)
- Vernachlässigung von Formalitäten (Stichwort Orthografie)
- Unprofessionelle Absenderangaben oder Adresse
- Schlechte Betreffzeile
- Zu große Datenmenge im Anhang
- Werbung wird mittransportiert
- Versand mit Aufforderung zur Empfangsbestätigung
- Viren in Dokumenten
- Formatierungsfehler

Frank E. Baumann
Staatl. geprüfter Hotelbetriebswirt

Kurfürstenstr. 6
54295 Trier
Tel. 0782 6922892
E-Mail: f.e.baum@me.com

Herrn
Direktor Schmidt
Hotel Schweizerhof
Hardenbergplatz 1
10623 Berlin

Trier, 13.05.2017

Bewerbung für die Position des Verkaufs- und Marketingleiters im Hotel Schweizerhof in Berlin

Sehr geehrter Herr Schmidt,

vielen Dank für das informative Telefonat am heutigen Nachmittag.
Wie besprochen, hier meine vollständigen Bewerbungsunterlagen.

Ich bin Betriebswirt für das Hotel- und Gaststättenwesen (Studium in Dortmund an der Wirtschaftsfachschule), 36 Jahre alt, ursprünglich gelernter Koch und zurzeit in einem Hotel mit 200 Betten in Trier als Verkaufsleiter in ungekündigter Stellung tätig.

Aus persönlichen Gründen möchte ich mein Wirkungsfeld nach Berlin verlagern und bin sehr interessiert, Ihr Haus und das für mich sehr reizvolle Aufgabengebiet Verkauf und Marketing kennenzulernen.

Auf eine persönliche Begegnung mit Ihnen freue ich mich
und grüße Sie herzlich aus Trier

Frank E. Baumann

Anlage: Bewerbungsmappe

Bewerbungsunterlagen

als Verkaufs- und Marketingleiter
Hotel Schweizerhof, Berlin

Frank E. Baumann
Staatl. geprüfter Hotelbetriebswirt
Kurfürstenstr. 6
54295 Trier

Tel. 0782 6922892
E-Mail f.e.baumann@me.com

 Kommentar Seite 104

Lebenslauf

Zur Person	Frank E. Baumann staatlich geprüfter Betriebswirt für das Hotel- und Gaststättenwesen
	geboren am 11.09.1980 in Stuttgart
	verheiratet, zwei Kinder, 7 und 9 Jahre alt

Schulische und berufliche Ausbildung

08/87 – 06/96	Grund- und Hauptschule in Willingen
07/96 – 07/99	Ausbildung zum Koch im Höhenhotel „Berghaus", Esslingen / Neckar
09/05 – 06/06	Weiterbildung: Berufsoberschule Münster (Fachschulreife)
	Fachschulstudium
09/08 – 06/09	Wirtschaftsfachschule für Hotellerie und Gastronomie, Dortmund
25.06.2009	**Abschlussprüfung zum staatlich geprüften Betriebswirt für das Hotel- und Gaststättenwesen mit bestandener Ausbildereignungsprüfung**

Studienfächer:
- Betriebswirtschaftslehre
- Betriebliches Rechnungswesen
- Touristik- und Hotel-Marketing
- Angewandte Datenverarbeitung (EDV)
- Technologie des Hotel- und Gaststättengewerbes
- Praxisorientierte Fallstudien
- Rechts- und Steuerlehre
- Englisch / Französisch
- Berufs- und Arbeitspädagogik (AEVO)

Sprachkenntnisse	Englisch in Wort und Schrift (fließend) Französisch (gute Kenntnisse)
IT-Kenntnisse	Reservierungssysteme „Micros-Fidelio", „HORES", „RIO 80862", Windows- und Mac OS X-Systeme, Word, Excel, Access
Engagement	Vollmitglied in der Hotel Sales and Marketing Association (HSMA), German-Chapter, Region 1
Sonstiges	Führerschein Klasse B
Hobbys	Mein Beruf, hier insbesondere Marketing und Werbung Blues und Jazz (ich spiele Schlagzeug) Reisen, Fotografieren, Arbeiten mit Holz

Beruflicher Werdegang

seit 01/16	**Verkaufsleiter** Hotel „Weingut König“, Trier-Olbe
07/11 – 12/15	**Verkaufsleiter / stellv. Geschäftsführer** „ABC“-Hotel GmbH, Berlin-Tiergarten
07/09 – 06/11	**Direktionsassistent** Hotel „Astro“, Wiesbaden
04/07 – 08/08	**Stellvertretender Küchenchef (Sous-Chef)** Hotel-Restaurant „Poch“, Bellingen
07/06 – 03/07	**Chef-Entremetier / Chef Rôtisseur** Hotel-Restaurant „Poch“, Bellingen
01/04 – 08/05	**Kfm. Angestellter Verkauf (Gastronomie), Abteilung Food** REWE-Süd-Großhandel, Spellbach
04/02 – 12/03	**Chef-Entremetier** Hotel-Restaurant „Rössle“, Waldenburg bei Stuttgart
04/01 – 03/02	**Demi-Chef Entremetier** Hotel „Hirsch“, Fellbach / Schwarzwald
01/00 – 03/01	**Grundwehrdienst als Feldkoch / Sanitätssoldat** 1. Sanitätsbataillon 10, Esslingen / Neckar
07/96 – 07/99	**Ausbildung zum Koch** Höhenhotel „Berghaus“, Esslingen / Neckar

Seminare und Praktika

07/09 – 10/09	**Reservierungs- und Empfangsabteilung** Praktikum im Hotel „Astro“, Wiesbaden
01/10 – 06/10	**Reservierungs- und Verkaufsabteilung** Praktikum Hotel „v. Korff“, Berlin-Charlottenburg
01/10	**Prüfung zum „Anerkannten Fachberater für Deutschen Wein“** Deutsches Weinbauinstitut, Mainz
03/11	**Public Relations im Hotel- und Gaststättengewerbe** Karla Dicks, Chefredakteurin NGZ, Servicemanager
09/11	**Controlling** **Produkt-Marketing und -Werbung** **Strategische Unternehmensführung** Seminare bei Unternehmensberatung Bednarz-Hell, Berlin

Was Sie sonst noch über mich wissen sollten:

Der freundliche Umgang mit Menschen sowie das Streben nach optimaler Dienstleistung und größtmöglicher Zufriedenheit des mir anvertrauten Gastes sind mir im beruflichen Handeln besonders wichtig. Dabei wird mein Denken durchaus auch von betriebswirtschaftlichen Zahlen bestimmt. Ökonomische Zusammenhänge schnell zu erfassen, analytisch auszuwerten, um auf dieser Basis nach neuen, effektiveren Lösungen zu suchen, ist Grundlage meiner unternehmerischen Aktivitäten.

Schon als Mitglied der Studenten-Mitverwaltung war ich verantwortlich für die Organisation von Fachprojekten und Studienreisen. Häufig engagierte ich mich dabei auch in der Öffentlichkeitsarbeit.

Im Rahmen einer praxisorientierten ABC-Gruppe erstellte ich verschiedene Marketingstudien und Betriebskonzepte. Bereits hier habe ich unternehmerisches Denken und verantwortungsbewusstes Handeln zeigen können, das für meine Tätigkeiten nach dem Studium unabdingbare Arbeitsbasis war. Ausdauer, Konsequenz und Pflichtbewusstsein werden mir von Freunden und Kollegen ebenso zugeschrieben, wie eine bisweilen als (zu) ehrgeizig erscheinende Hartnäckigkeit.

Für mich ist jedoch die Orientierung an den bestmöglichen Leistungen eine Frage der Verantwortung mir selbst und den von mir und meiner Arbeit abhängigen Dritten gegenüber.

Trier, 13.05.2017

Zu den Unterlagen von Frank E. Baumann, Hotelbetriebswirt

Ein sehr angenehm kurzes **Anschreiben** bringt die Botschaft schnell und souverän auf den Punkt. Der Bewerber hat sich telefonisch vorgestellt und seine Unterlagen angekündigt. Übrigens: eine interessante Abschlussformel.

Das **Deckblatt** ist vom Aufbau her ähnlich gestaltet wie bei den vorangehenden Bewerbungen. Das bemerkenswerte, fast quadratische **Foto** zeigt einen interessanten Kandidaten und ist fotografisch gut gemacht (attraktiv mit leichtem »Anschnitt«). Ein solches Bewerberfoto sieht man sich gerne länger an – und das ist ja auch intendiert, denn: Jetzt entstehen Sympathie und Interesse am Kandidaten, der Wunsch, diesen kennenzulernen. Seine Unterschrift unter dem Foto ist ein weiterer attraktiver Hingucker.

Die nächste Seite mit der Überschrift **Lebenslauf** startet sehr geschickt mit Informationen zur beruflichen Ausgangssituation. Der Leser merkt sofort, dass dieser Kandidat etwas erreicht und einiges anzubieten hat. Nach diesen Angaben folgt ein klassischer Aufbau, mit schulischer und beruflicher Ausbildung und weiteren Informationen, wie man sie eher am Ende der Darstellung eines beruflichen Werdegangs erwartet hätte. Das Ganze ist geschickt ausgestaltet und liest sich gut. Erst auf der nächsten Seite lernen wir nun den eigentlichen Werdegang in aller gebotenen Ausführlichkeit kennen. Es folgen Seminare und Praktika.

Einziger Kritikpunkt: vielleicht etwas weniger Hobbys aufzählen! Man möchte doch den Eindruck vermeiden, nicht ganz ausgelastet und mit dem Herzen ganz woanders zu sein. Eventuell hätten die Seminare und Praktika in umgekehrter Reihenfolge präsentiert werden können: das Aktuellste zuerst, wie bei den Berufsstationen auf dieser Seite.

Nicht mehr ganz neu dürfte für Sie jetzt die ausführliche Mitteilung (Seite 103 »Was Sie sonst noch über mich wissen sollten«) im Anschluss sein. Die von uns entwickelte und so benannte **Dritte Seite** (siehe auch Seite 6) ist hier ausdrucksstark formuliert und grafisch ansprechend gestaltet, auch wenn man sich den Zeilenumbruch etwas anders vorstellen könnte (dieser sollte unbedingt immer den Inhalt unterstützen, beim Lesen und Verstehen also aktiv helfen). Diese Botschaft ruft einen starken Anreiz hervor, den Bewerber möglichst schnell persönlich kennenzulernen. Die Unterschrift ist an dieser inhaltlich wichtigen Stelle gut platziert.

Einschätzung

Die gesamte Bewerbung verdient sicherlich die Note 2+.

CHRISTINE AHORN DIPLOM-INGENIEURIN FÜR UMWELTTECHNIK

STILLERZEILE 55 12587 BERLIN (KÖPENICK) TELEFON: 030 1117989 / 0163 45211 E-MAIL: C.AHORN@YAHOO.DE

Asian Technik GmbH
Herrn Dr. Falk
Wagnerstr. 77
12345 Berlin

Berlin, 19.03.2017

Ihre Anzeige vom 13.03.2017 / Projektleitung

Sehr geehrter Herr Dr. Falk,

aus ungekündigter Position suche ich im Bereich rechnergestützte Verarbeitungstechnik eine neue Herausforderung.

Die von Ihnen beschriebene Projektleitung entspricht meinen Fähigkeiten und Neigungen. Auf diesem Sektor verfüge ich bereits über eine mehrjährige Erfahrung und habe verschiedene Großprojekte in von mir geleiteten Teams nachweislich erfolgreich abgeschlossen.

Meinen beruflichen Werdegang finden Sie in den Unterlagen dokumentiert. Ich bitte um Verständnis, dass ich meinen jetzigen Arbeitgeber noch nicht nennen möchte.

In einem persönlichen Gespräch – gern zunächst telefonisch – würde ich mich freuen, Ihnen weitere Auskünfte (wie z. B. zu den Aspekten Gehalt und Eintrittstermin) geben zu können.

Mit freundlichen Grüßen

Christine Ahorn

Anlagen

CHRISTINE AHORN DIPLOM-INGENIEURIN FÜR UMWELTTECHNIK
STILLERZEILE 55 12587 BERLIN (KÖPENICK) TELEFON: 030 1117989 / 0163 45211 E-MAIL: C.AHORN@YAHOO.DE

BEWERBUNGSUNTERLAGEN

für die

ASIAN TECHNIK GMBH

von

CHRISTINE AHORN

Diplom-Ingenieurin für Umwelttechnik (TU)

 ▶ Kommentar Seite 111

CHRISTINE AHORN DIPLOM-INGENIEURIN FÜR UMWELTTECHNIK

STILLERZEILE 55 12587 BERLIN (KÖPENICK) TELEFON: 030 1117989 / 0163 45211 E-MAIL: C.AHORN@YAHOO.DE

geboren am 11.03.1973 in Templin
(Uckermark-Kreis)
verheiratet; 3 Kinder (16, 18, 20 Jahre alt)

MEINE KENNTNISSE, FÄHIGKEITEN UND ERFAHRUNGEN

Zurzeit im Bereich Zentrale Dienste für Elektronik, Mechanik, Sensorik, EDV und rechnergesteuerte Verarbeitungsmaschinen

Anwendungsbereite Kenntnisse in Prozesssteuerung und Automatisierung

Erfahrung im Aufbau neuer Organisationsstrukturen und in der Realisierung von Projekten

Mehrjährige Erfahrung an Geräten und Anlagen der Prozessanalytik unter großchemischen Bedingungen

Führungserfahrung, unter anderem Verantwortung für eine Gruppe von 6 Technikern

Zielorientierte, professionelle Arbeitsweise, insbesondere auch unter erschwerten Arbeitsbedingungen

CHRISTINE AHORN DIPLOM-INGENIEURIN FÜR UMWELTTECHNIK

STILLERZEILE 55 12587 BERLIN (KÖPENICK) TELEFON: 030 1117989 / 0163 45211 E-MAIL: C.AHORN@YAHOO.DE

LEBENSLAUF

BERUFSPRAXIS

01/2004 bis jetzt

- **Spezialistin** für Elektronik, Mechanik, EDV und rechnergesteuerte Verarbeitungsmaschinen (Projektmanagement); Instandhaltung in mittleren Unternehmen der Filmtechnik
- Inbetriebnahme, Wartung und Reparatur vollautomatischer Anlagen der Produktlinien
- Mikrorechnereinsatz in Büro und Produktion/Systemadministration
- Erstellung diverser EDV-Programme für Büroorganisation
- Führungserfahrung (6 Techniker)

10/2000 – 12/2003

- **Mitarbeiterin** für Prozesssteuerung in der Chemie/EDV, Chemische Werke Leuna, Gruppe Verfahrenstechnik
- Projekt der rechnergeführten Polymerisation zur Qualitätsstabilisierung von Lacken
- Maßstabsübertragung vom Labor über Technikum in Produktionskessel
- Erarbeitung von Wirtschaftlichkeitsanalysen
- Konstruktion eines Reinigungsroboters
- Projektadaptierung und Optimierung verfahrenstechnischer EDV-Programme mit neuen IBM-kompatiblen Rechnern

09/1998 – 09/2000

- **Mitarbeiterin** für Prozessautomatisierung und Verfahrenstechnik, Chemische Werke Leuna, Abteilung Prozesssteuerung und Automatisierung
- Konzeption und Realisierung multivalent nutzbarer Technikums-Anlagen für organische Spezialprodukte
- Deutliche Ausbeuteerhöhung von Hochpolymeren durch automatische Reaktorsteuerung
- Verbesserung technisch-organisatorischer Abläufe durch Planung, Beschaffung und Einsatzzuordnung von Arbeits- und Betriebsmitteln
- Zusätzliche Profilierung im pädagogischen Bereich: Lehrtätigkeit „Mathematik für Meister-Klassen"

09/1995 – 08/1998

- **Fachingenieurin** für automatische Analysengeräte, Chemische Werke Leuna
- Erfolgreiches Projektmanagement bei automatischen Analysenmessanlagen für einen neuen Betriebsteil nach kürzester Einarbeitung
- Termingerechte Ablauforganisation und Mängelbeseitigung
- Anleitung und Aufsicht des Wartungspersonals
- Führungserfahrung (5 Facharbeiter)

CHRISTINE AHORN DIPLOM-INGENIEURIN FÜR UMWELTTECHNIK

STILLERZEILE 55 12587 BERLIN (KÖPENICK) TELEFON: 030 1117989 / 0163 45211 E-MAIL: C.AHORN@YAHOO.DE

SPEZIALKENNTNISSE

12/1994 – 12/2007

- Verschiedene **Lehrgänge** für die Bereiche:
  Chemische Reaktionskinetik
  Prozessanalyse/Automatisierungstechnik
  Verfahrenstechnische Grundlagen
- Praktische und Projekt-Erfahrung mit der SPS-SIMATIK S 5
- Praktische und theoretische Erfahrungen in der Prozessanalytik, Automatisierungstechnik
- Gute **Kenntnisse** im Computer-Operating;
  Systemadministrator für UNIX, Linux, VMS,
  PDP-11/RSX (MOOS 1600), IBM-360/370, VAX/VMS
- Anwendungsbereite **Erfahrungen** der Sprachen:
  C++, FORTRAN, PL/1, TSO, T-PASCAL, BASIC

STUDIUM UND SCHULE

09/1991 – 07/1995

- TH Halle, Fachrichtung Elektrotechnik,
  Diplom-Ingenieurin für Messtechnik

09/1979 – 06/1991

- Besuch der Oberschule, **Abitur**
  Sprachen: Englisch, Russisch

INTERESSEN UND HOBBYS

- Reisen in Portugal und Spanien, Radfahren, Schwimmen

Berlin, 19.03.2017

Christine Ahorn

CHRISTINE AHORN DIPLOM-INGENIEURIN FÜR UMWELTTECHNIK

STILLERZEILE 55 12587 BERLIN (KÖPENICK) TELEFON: 030 1117989 / 0163 45211 E-MAIL: C.AHORN@YAHOO.DE

WARUM ICH MICH BEWERBE?

Die Fähigkeit zum konzeptionellen Arbeiten und mein Organisationstalent habe ich besonders beim Aufbau einer neuen Abteilung für Prozesssteuerung mehrfach unter Beweis gestellt. Ich bin es gewohnt, selbstständig und im Team zu arbeiten, und weiß, dass meine bisher gezeigte hohe Einsatzbereitschaft und kreative Flexibilität beim Lösen unterschiedlichster Problemfälle erfolgreich waren.

Engagement und Belastbarkeit gehören zu meinen Persönlichkeitsmerkmalen. In einem für die Kreativität förderlichen Unternehmensklima konnte ich mit innovativen, kostenbewussten und termingerechten Lösungen überzeugen. Teamkollegen schätzen an mir besonders meine Hilfsbereitschaft und die Fähigkeit, neue Sachverhalte schnell zu erfassen und umzusetzen.

Als praxiserprobte Ingenieurin vom Fach beherrsche ich alle „Register“, von der Improvisation bis zur Perfektion, in der Verantwortung für die Sicherheit von Technik und Umwelt.

... UM ETWAS ZU BEWEGEN!

Berlin, 19. März 2017

Christine Ahorn

Zu den Unterlagen von Christine Ahorn, Dipl.-Ing. Umwelttechnik

Nach persönlicher Ansprache erklärt unsere Kandidatin im **Anschreiben** zuerst ihren Status quo, aus dem heraus sie sich bewirbt, um dann auf ihre Erfolge und Erfahrungen hinzuweisen. Sie bittet um Verständnis, ihren jetzigen Arbeitgeber noch nicht benennen zu wollen. Nicht ungeschickt erscheint insbesondere der letzte Absatz, in dem sie anbietet, gern auch vorab telefonisch für weitere wichtige Informationen zur Verfügung zu stehen. Dies ist ein Beispiel für eine gut »rübergebrachte« Berufsidentität, die dem Personalverantwortung tragenden Leser in vielerlei Hinsicht schnelle Orientierung gibt, mit wem er es zu tun hat. Dabei bleibt das Anschreiben angenehm kurz. Schade ist, dass das Wort »können« alleine in der letzten Zeile steht. Das hätte sich ganz einfach vermeiden lassen. Achten Sie verstärkt darauf, dass die Zeilenführung und die Umbrüche das Inhaltliche unterstützen und gleichzeitig optisch gut rüberkommen.

Ein ordentlich komponiertes **Deckblatt** macht neugierig auf die nächsten Seiten. Die sich anschließenden Informationen zur Person der Bewerberin sind gut aufbereitet. Das **Foto** ist an der typischen Stelle platziert und fällt angenehm auf. Unter der Überschrift »Meine Kenntnisse, Fähigkeiten und Erfahrungen« wird dem Leser schnell vermittelt, was diese Kandidatin besonders interessant macht. Diese Auftaktseite ist in mehr als einer Hinsicht gut gelungen.

Im **Lebenslauf** wird die Berufspraxis auf interessante, angemessen ausführliche Weise präsentiert und die Hervorhebungen (Fettdruck) unterstützen beim Lesen. Die gewählte Darbietungsform der Daten (die sogenannte amerikanische Version, vom Aktuellen in die Vergangenheit) ist äußerst überzeugend. Auch die zweite Seite des Lebenslaufes ist konsequent aufgebaut und verstärkt den positiven Eindruck.

Die **Dritte Seite** spielt mit der Überschrift, um so eine weitere Botschaft zu vermitteln, die durchaus im Einklang mit den Aussagen im Anschreiben steht. Die Selbstbeschreibung der Bewerberin trifft sicherlich nicht jedermanns Geschmack, kommt aber bei technisch orientierten Empfängern in der Regel sehr gut an – das zeigen die Praxiserfahrungen im *Büro für Berufsstrategie.*

Einschätzung

Gute Unterlagen mit interessanter Gestaltung.

15. Lektion Die DIN 5008 – Schreib- und Gestaltungsregeln für die Textverarbeitung

Seit September 2006 sind beim Anschreiben folgende formale Neuerungen zu beachten:

- Die Leerzeile im Anschriftenfeld, die bisher Name und Straße vom Ort und ggf. auch dem Land getrennt hat, fällt weg. Damit passt sich die DIN 5008 den internationalen Gepflogenheiten an.
- Beim Datum gibt es die Möglichkeit zu wählen: Die numerische oder die alphanumerische Schreibweise. Bei der numerischen dürfen Sie zwischen der numerisch nationalen (26.04.2007) und der numerisch internationalen Variante 2007-04-26) wählen. Auch wichtig: Bei einstelligen Tages- oder Monatsziffern sollte bei der numerischen Schreibweise immer eine Null vorangestellt werden. Bei der alphanumerischen Schreibweise schreiben Sie den Monat in Buchstaben (26. April 2017).
- Telefonnummern werden jetzt in Ortsvorwahl und Anschluss gegliedert. Die Durchwahl wird durch einen Bindestrich von der Hauptwahl getrennt: 0511 1234-567. Bei einer internationalen Nummer wird die Landesvorwahl, z. B. +49, vorangestellt und die Null der Ortsvorwahl weggelassen: +49 511 1234-567.
- Zu beachten ist beim Prozentzeichen oder kaufmännischen Und-Zeichen: Da diese Zeichen ein Wort vertreten, werden sie nicht direkt an die Zahl geschrieben, sondern haben ein Leerzeichen dazwischen. Also 16 % statt 16% oder Mayer & Sohn statt Mayer&Sohn.
- Postfachnummern werden wie gehabt in Zweierschritten von hinten nach vorne gegliedert (Postfach 1 23).

Beispiele und weitere DIN-Regeln finden Sie in Artikeln der einschlägigen Büro-Fachpresse.

SVEN OLSEN DIPLOM-BETRIEBSWIRT

MOMMSENSTRASSE 73 • 10629 BERLIN • TELEFON: 030 8814903 • E-MAIL: OLSEN@AOL.DE

Manpower Personaldienstleistungen
Personaldirektion
Wiesbadener Str. 40
12181 Berlin

Berlin, 2. Mai 2017

Bewerbung als Niederlassungsleiter
Ihre Anzeige im Nordberliner Kurier vom 25.04.2017

Sehr geehrte Damen und Herren,

nach dem freundlich-informativen Telefonat mit Herrn Heinrich erhalten Sie hier meine Bewerbungsunterlagen. Im Folgenden eine kurze Darstellung meiner Person:

- Diplom-Betriebswirt, Kommunikationstechniker, 45 Jahre alt
- 12 Jahre IBM-Berufserfahrung, Gebietsleiter (Teamleiter)
- hoch motiviert, leistungsstark und zielorientiert
- Erfahrung in Personaldienstleistungen

Meine Gehaltsvorstellung liegt bei 80 000 Euro p. a. Der früheste Eintrittstermin wäre der 7. August 2017.

Über eine Einladung zu einem persönlichen Gespräch freue ich mich.
Mit freundlichen Grüßen

Anlagen

SVEN OLSEN

Mommsenstraße 73
10629 Berlin

Telefon: 030 8814903
E-Mail: olsen@aol.de
geboren am 13. Februar 1972 in Berlin
ledig, keine Kinder

RESÜMEE

berufliche und persönliche Kenntnisse, Erfahrungen und Fähigkeiten

IBM

Vom Trainee bis zum Gebietsleiter (Umsatz 8 Mio. Euro) habe ich mir, aufbauend auf dem Studium der Betriebswirtschaft, wichtige Kenntnisse und Fertigkeiten in der freien Wirtschaft angeeignet.

USA

Auslandserfahrung, mit Abschluss eines „High School Diploma", hat meinen Horizont wesentlich erweitert.

ZIEL

Zu meinen wichtigen persönlichen Eigenschaften gehört das Vermögen, mir Ziele zu setzen und diese dann gemeinsam mit meinen Partnern zu erreichen.

SVEN OLSEN DIPLOM-BETRIEBSWIRT
MOMMSENSTRASSE 73 • 10629 BERLIN • TELEFON: 030 8814903 • E-MAIL: OLSEN@AOL.DE

LEBENSLAUF

BERUFSPRAXIS

Juni 2010 **April 2017**		IBM Telekom GmbH & Co. KG, Berlin Gebietsleiter für Mitteldeutschland Vertriebsbeauftragter

- Gebietsleiter (Teamleiter einer 4er-Gruppe)
  Umsatzverantwortung für 8 Mio. Euro
  Betreuung der autorisierten Händler
- Portefeuille-Analysen und Erarbeitung von Marketingstrategien
  Vertriebsbeauftragter für Multimedia
- Projektleiter für Industriemessen
- Projektleitung für die Neuentwicklung von
  Produkten auf dem Telefonmarketingsektor

Feb. 2005 **Juni 2010**	IBM Telekom Deutschland, Frankfurt am Main Bereich Feinmarketing

- Leitung eines Projektes für den europäischen
  Markt im Bereich der Bankautomation
- Planung der Logistik und Materialbestellung

Jan. 1999 **Dez. 2001**	Job-Zeitarbeit GmbH Bereichsstellenleiter

SVEN OLSEN DIPLOM-BETRIEBSWIRT

MOMMSENSTRASSE 73 • 10629 BERLIN • TELEFON: 030 8814903 • E-MAIL: OLSEN@AOL.DE

STUDIUM UND BERUFSAUSBILDUNG

Sep.	**2002**	Schule für Kommunikation und EDV, IBM Telekom
Feb.	**2004**	Abschluss: Kommunikationstechniker
Jan.	**2002**	Australienaufenthalt
Aug.	**2002**	
Okt.	**1992**	Fachhochschule für Wirtschaft, Hamburg
Sep.	**1998**	Abschluss: Diplom-Betriebswirt

SCHULAUSBILDUNG

Aug.	**1990**	Oberstufenzentrum für Wirtschaft, Hamburg
Juni	**1992**	Abschluss: Abitur
Aug.	**1988**	Austauschschüler in den USA
Juli	**1989**	High School in Baltimore / USA
		Abschluss: High School Diploma
April	**1978**	Carl-von-Ossietzky-Schule, Hamburg
Juni	**1988**	Grund- und Oberschule

WEITERE TÄTIGKEITEN

1992	zur Finanzierung des Studiums Tätigkeiten im
Dez. 1998	Gastronomiebereich sowie als wissenschaftlicher Mitarbeiter
	bei Steuerberater Wilske, Hamburg

ENGAGEMENT UND HOBBYS

Leitung einer Jugendgruppe im Paritätischen Wohlfahrtsverband Berlin (Ausbildung zum Jugendleiter)

Golf und Tauchen
Mitglied im Golfclub Hohenkremmen

Berlin, 02.05.2017 Sven Olsen

SVEN OLSEN DIPLOM-BETRIEBSWIRT

MOMMSENSTRASSE 73 • 10629 BERLIN • TELEFON: 030 8814903 • E-MAIL: OLSEN@AOL.DE

WIE ICH WURDE, WAS ICH BIN

Meine privaten und beruflichen Aufenthalte in angelsächsischen Ländern, wie den USA und Australien, prägten nachhaltig meinen Wunsch, in einem amerikanisch geführten Unternehmen zu arbeiten.

In zwölf Jahren vielseitiger IBM-Erfahrung, zunächst als Trainee und später als Gebietsleiter im Vertrieb, konnte ich mir einen sehr guten Überblick über das Zusammenspiel der verschiedenen Bereiche in einem Unternehmen erarbeiten. Mit Kundenkontakten auf jeder Ebene, Verkauf und Logistik bin ich bestens vertraut. Umsatz- und Marketingziele sind für mich persönliche Herausforderungen, denen ich mich gern und mit hohem Engagement stelle.

Teamgeist, Durchsetzungsvermögen und Lernbereitschaft kennzeichnen mich ebenso wie meine Fähigkeit, guten Kontakt zu Mitmenschen aufzubauen, um gemeinsam mit ihnen etwas zu bewegen, zu erreichen.

 ▸ Kommentar Seite 117

Zu den Unterlagen von Sven Olsen, Dipl.-Betriebswirt

Ein kurzes, knappes, sehr übersichtliches **Anschreiben** eröffnet den Reigen – leider nur mit der globalen Anrede »Sehr geehrte Damen und Herren«, da ein konkreter Ansprechpartner trotz eines Telefonates nicht ausfindig zu machen war. Wirklich schade, denn was bereits hier zum Ausdruck kommt, hätte umso mehr Gewicht, wenn sich der »personalverantwortliche« Empfänger und Leser persönlich angesprochen fühlen könnte. Immerhin bezieht sich der Kandidat auf ein telefonisches Vorabgespräch mit Herrn Heinrich, um dann auf den Punkt zu kommen – eine gelungene Kurzpräsentation mit vier wichtigen Botschaften: beruflicher Ausbildungshintergrund, Berufserfahrung, persönliche Eigenschaften, Spezialkenntnisse.

Die vorgetragenen Daten zur Gehaltsvorstellung und zum frühesten Eintrittstermin waren in der Anzeige explizit erbeten. Der Kandidat sah keine Chance, sich hier weiter bedeckt zu halten, hat aber dieses Problem kurz und präzise gelöst.

Die sich anschließende erste Übersichtsseite mit sympathischem **Foto**, persönlichen Daten und Resümee überrascht in ihrer klaren, informativen und präzisen Gestaltung. Vergleichen Sie das Foto mit der Alternative auf dieser Seite. Ob man es wagen sollte, in den Lebenslauf ein Bild mit einer außergewöhnlichen Pose (Brille in der Hand), das zudem schräg fotografiert wurde, einzufügen, ist sicherlich kontrovers zu diskutieren. Na bitte, wir zeigen Mut …

Die gewählte Überschrift (Resümee) mit Erklärungszeile sowie die drei folgenden Kurztitel der Infoblöcke verführen zum Lesen und sind inhaltlich spannend gestaltet. Als Leser gewinnt man den Eindruck: Da bringt einer wirksame Botschaften rüber!

Alternativbild
Vergleichen Sie dazu das Bewerbungsfoto auf ▸ Seite 113

Grafisch sind die Unterlagen exzellent gestaltet. Mit kurzem Blick lässt sich das Wesentliche wunderbar schnell erfassen. Und: Man wird nach diesem überzeugenden Einstieg neugierig auf die folgenden Seiten. Schon jetzt sind die Weichen für den Kandidaten positiv gestellt. Ebenfalls sehr angenehm: die ästhetische Kopfzeile mit Namen und Berufsbezeichnung. Der Leser der Unterlagen weiß also stets, mit wem er es zu tun hat.

Apropos Ästhetik: Wenig Text und viel weiße Seite lassen die Beschäftigung mit den Unterlagen nie schwer oder mühevoll erscheinen. Die geschickte Schrifttype und -art (Fettschrift, Groß- und Kleinschreibung) tragen ganz wesentlich dazu bei.

Beim **Lebenslauf** wird mit der Berufspraxis und den neuesten Daten begonnen, die moderne Form der Lebenslaufgestaltung. Auch hier finden sich wieder alle guten Eigenschaften, die wir auf den vorangegangenen Seiten positiv gewürdigt haben (interessante, präzise Informationen, sehr ästhetisch und damit leicht lesbar präsentiert, also keine »Bleiwüste«).

Die nächste Seite informiert über Studium, Berufs- und Schulausbildung und endet mit Informationen zu Engagement und Hobbys. Die Kopfzeile (Name, Beruf, Anschrift) vermittelt das Gefühl eines »Corporate Designs«.

Die von uns entwickelte **Dritte Seite** hat eine recht provokant gewählte Überschrift, die aber inhaltlich gerechtfertigt erscheint. Die Gliederung und die relativ kurzen Absätze machen den Text nicht nur gut lesbar, sie vermitteln die Botschaft auch absolut glaubwürdig. Die hier transportierten Aussagen runden den guten Eindruck des Bewerbers ab und führten übrigens in der Bewerbungsrealität zu einer wahren Flut von Einladungen – mit der Konsequenz, dass sich der Kandidat unter mehreren attraktiven Arbeitsplatzangeboten das interessanteste aussuchen konnte.

Zum Schluss noch eine Frage, liebe Leserin, lieber Leser: Haben Sie bemerkt, dass sich unser Kandidat aus der Arbeitslosigkeit heraus beworben hat?

Zu guter Letzt: Seinen Zeugnissen hat der Bewerber zur Orientierung noch ein **Anlagenverzeichnis** vorangestellt (hier nicht gezeigt).

Einschätzung

Top! Sehr, sehr gut.

Die Quintessenz

Jede Bewerbung verlangt Werbung in eigener Sache. Das erfordert zunächst das richtige Bewusstsein, dann Vorbereitung, eine ganze Portion Fleiß, Geduld und Frustrationstoleranz. Was sind Ihre zentralen Botschaften, damit sich der Empfänger für Ihr Mitarbeitsangebot interessiert? Wofür stehen Sie und was motiviert Sie? Erreichen Ihre Aussagen Auge, Herz und Verstand des Lesers und Entscheiders auf direktestem Weg in kürzester Zeit? Und sind diese so überzeugend, dass sie den Wunsch auslösen, Kontakt mit Ihnen aufzunehmen? Lassen Sie sich ggf. von einem Profi beraten, statt immer wieder erfolglose Bewerbungen (weil nicht überzeugend) zu versenden und immer frustrierter und unsicherer zu werden.

Mit Lerneffekt:

Bewerbungen im Vorher-Nachher-Vergleich

Zum Abschluss zeigen wir Ihnen zwei Bewerbungen mit jeweils einer Vorher- und einer Nachher-Version. Mit den beiden Vorher-Versionen ließen sich wohl kaum Einladungen zu Vorstellungsgesprächen erzielen. Warum? Das erkennen Sie, nachdem Sie sich die anderen Beispiele im Buch und die Kommentare und Lektionen angeschaut haben, sicher auf den ersten Blick. Versuchen Sie doch mal, Verbesserungsvorschläge zu notieren, bevor Sie die überarbeiteten Versionen und Kommentare unter die Lupe nehmen – so üben Sie, Ihre eigenen Unterlagen mit kritischem Blick zu betrachten und sie entsprechend zu optimieren. Wir wünschen Ihnen viel Erfolg!

BIRGIT MÜLLER
HASENSPRUNG 1A
14194 BERLIN (WILMERSDORF)
TELEFON: 0 30 / 8 12 82 70

ABC Maschinen GmbH
Personalabteilung
Herrn Kaiser
Wrangelstr. 28
10997 Berlin

Schlechte Version!
Abgelehnt!

02.02.17

Ihre Anzeige in der Berliner Morgenpost vom 30.01.2017
Sachbearbeiterin

Sehr geehrte Damen und Herren!

Hiermit beziehe ich mich auf die o. g. Stellenanzeige und übersende Ihnen meine Bewerbungsunterlagen. Ich glaube, dass ich gut Ihr Team mit meiner Person bereichern werde und möchte gerne für Sie arbeiten.

Ich denke an eine Position mit beruflicher Verantwortung, in der ich meine Kenntnisse voll nutzen und weitere Erfahrungen sammeln kann.

Ich bin ausgebildete Industriekauffrau und habe mich im Bereich Informationsmanagement weitergebildet. Langjährige umfassende Erfahrungen in Büro-Administration und selbstständiger Sachbearbeitung in der Chemiebranche ergänzen mein Profil.

Zurzeit bin ich in einer vom Arbeitsamt geförderten EDV-Fortbildungsmaßnahme. Deshalb könnte ich Ihnen sehr kurzfristig zur Verfügung stehen. Weitere Details zu meinem Werdegang und meiner Person können Sie auch den beigefügten Unterlagen entnehmen.

In einem persönlichen Gespräch würde ich Sie gern davon überzeugen, dass ich vielseitig und aktiv tätig sein kann, um Ihr Unternehmen mit meiner Person zu bereichern.
Ich verbleibe

hochachtungsvoll

Birgit Müller

PS: Ab der letzten Februar-Woche bin ich für 10 Tage verreist, höre aber regelmäßig meinen Anrufbeantworter ab, sodass mich Ihre Nachricht sicherlich erreichen wird.

Anlagen

Lebenslauf

Schlechte Version!
Abgelehnt!

Persönliche Daten:	
Name	Birgit Müller
Anschrift	Hasensprung 1 A 14194 Berlin (Wilmersdorf) Tel. 0 30 / 8 12 82 70
Geburtsdatum	27.09.1979
Familienstand	geschieden, keine Kinder
Schulbildung	
1989 - 1994	Haupt- und Handelsschule Hamburg
1994 - 1997	Ausbildung zur Industriekauffrau Hamburg
1998 - 2001	Staatliches Abendgymnasium Hamburg Abschluss: Abitur
Beruflicher Werdegang	
1997 - 2001	Industriekauffrau Hamburg
10/2001 - 06/2006	Chefsekretärin Chemie AG München
07/2006 - 03/2015	Informationsmanagement Pharma Grün München
04/2015 - 12/2016	Informationsmanagement Altvater Chemie-Werke AG Berlin
Weiterbildung	
04/2006 - 03/2010	Ausbildung als staatl. geprüfte Dokumentarin Anerkennungsjahr Institut für Dokumentation München

Berlin, den 02. Februar 2017

BIRGIT MÜLLER
HASENSPRUNG 1A
14194 BERLIN (WILMERSDORF)
TELEFON: 030 8128270
B.MUELLER@GMX.DE

ABC Maschinen GmbH
Personalabteilung
Herrn Kaiser
Wrangelstr. 28
10997 Berlin

02.02.17

Ihre Anzeige in der Berliner Morgenpost vom 30.01.2017
Sachbearbeiterin

Sehr geehrter Herr Kaiser,

in Ihrer Anzeige beschreiben Sie einen Arbeitsbereich, der mich in höchstem Maße interessiert und auch meinen Fähigkeiten und Neigungen voll entspricht.

Kurz zu meiner Person:
Ich bin ausgebildete Industriekauffrau und habe mich im Bereich Informationsmanagement erfolgreich weitergebildet. Langjährige umfassende Erfahrungen in Büro-Administration und anspruchsvoller, selbstständiger Sachbearbeitung in der Chemiebranche ergänzen mein Tätigkeitsprofil.

Aktuell befinde ich mich in einer von der Arbeitsagentur geförderten EDV-Fortbildungsmaßnahme und könnte Ihnen deshalb auch sehr kurzfristig zur Verfügung stehen.

Über eine Einladung zum Vorstellungsgespräch freue ich mich
und verbleibe

mit freundlichem Gruß

Birgit Müller

Anlagen

▶ Kommentar Seite 126

Bewerbungsunterlagen

BIRGIT MÜLLER
HASENSPRUNG 1A
14194 BERLIN (WILMERSDORF)

TELEFON: 030 8128270
B.MUELLER@GMX.DE

Birgit Müller

* 27.09.1979 in Hamburg

unverheiratet, keine Kinder, mobil

Angestrebte Tätigkeit: Sachbearbeiterin

Berufserfahrung

04/2015 – 12/2016	**Altvater Chemie-Werke AG** **Berlin** Position: Informationsmanagement Literaturrecherchen, Datenbankarbeit, Öffentlichkeitsarbeit
07/2006 – 03/2015	**Pharma Grün** **München** Position: Informationsmanagement Informationsplanung, Organisation, Fachkorrespondenz Erstellung von Werbemitteln
04/2006 – 03/2010	**Institut für Dokumentation** **München** Ausbildung und Anerkennungsjahr als staatl. geprüfte Dokumentarin Schulung in Informationsmanagement, EDV und Wirtschaftsenglisch
10/2001 – 06/2006	**Chemie AG** **München** Position: Chefsekretärin
1997 – 2001	**Industriekauffrau** **Hamburg**

Schul- und Berufsausbildung

1998 – 2001	**Staatliches Abendgymnasium** **Hamburg** Abschluss: Abitur
1994 – 1997	**Ausbildung zur Industriekauffrau** **Hamburg**
1989 – 1994	**Haupt- und Handelsschule** **Hamburg**

Sprachkenntnisse

sehr gute Englischkenntnisse in Wort und Schrift
gute Orthografie-, Interpunktions- und Grammatikkenntnisse der deutschen Sprache
Korrespondenzerfahrung

PC-Kenntnisse

Textverarbeitung mit Word
Tabellenkalkulation mit Excel
Präsentationserstellung mit PowerPoint

Kurzschrift

gute Stenografiekenntnisse und schreibtechnische Fertigkeiten

Führerschein

Klasse B

Engagement

Mitglied im Naturwissenschaftlichen Verein Berlin

Interessen

Wandern, Literatur des Bethel-Kreises

Zu meiner Person

Mein Lebenslauf steht für kontinuierliche Weiterbildung, Leistungsbereitschaft und Lernfähigkeit. Das Abitur am Abendgymnasium und die Qualifizierung zur Dokumentarin belegen dies.

Ich verfüge über fundierte Erfahrungen in den Bereichen Organisation und Administration. Zu betonen sind meine guten Sprachkenntnisse und deren Anwendungssicherheit.

Die Arbeit hat in meinem Leben, da ich Single bin, einen besonderen Stellenwert, sodass Arbeitsaufgaben für mich eine wichtige Rolle spielen. Ich würde mich sehr gern mit vollem Engagement der von Ihnen beschriebenen Aufgabe widmen.

Berlin, 2. Februar 2017

Birgit Müller

Zu den Unterlagen von Birgit Müller, Industriekauffrau

1. Version

Wie schlicht dieses erste **Anschreiben** und der kurze **Lebenslauf** (1 Seite) sind, erschließt sich nicht erst, wenn man beide mit der 2. Version verglichen hat. Trotzdem: Die Anrede »Sehr geehrte Damen und Herren« ist ein gravierender Fehler, insbesondere dann, wenn offensichtlich ein Ansprechpartner bekannt ist (Herr Kaiser). Aber auch die langweilige Standarderöffnung (»Hiermit beziehe ich mich auf ...«) ist absolut nicht empfehlenswert. Zudem fehlt eine E-Mail-Adresse.

»Ich glaube ...«, »Ich denke ...«, »Ich bin ...« sind Satzanfänge, die in dieser Form ein weiteres Lesen kaum wahrscheinlich werden lassen. Die Stilblüte zum Abschluss (»... mit meiner Person bereichern«) wird nur noch durch das altmodische »Hochachtungsvoll« getoppt. Auch die maschinenschriftliche Wiederholung des Namens sowie der Inhalt des »PS« sind gute Beispiele, wie man es nicht machen sollte.

Der kurze, einseitige Lebenslauf mit dem viel zu schmalen Foto löst keine Neugier auf die Bewerberin aus. Der Familienstand ist mit einer sehr unglücklichen Formulierung angegeben (»geschieden«). Die Form ist einfach zu schlicht, zu langweilig. Die wichtige Frage, was die Kandidatin aktuell eigentlich macht, wird nicht beantwortet. Auch »Berlin, den 02. Februar 2017« schreibt man in dieser Form nicht mehr (das sollte man als gute Bürokraft wissen), und man vergisst auch nicht, zu unterschreiben. Aber aus Fehlern lernen wir. Fazit: Der Misserfolg dieser Bewerbung ist garantiert.

2. Version

Das **Anschreiben** ist angenehm kurz und präzise. Leider hat die Bewerberin kein Vorabtelefonat geführt. Da sie der Anzeige aber den Namen entnehmen konnte, ist eine direkte Ansprache trotzdem möglich. Die Kandidatin stellt sich kurz vor und schließt selbstbewusst (ohne Konjunktiv) mit der Formulierung »über eine Einladung ... freue ich mich.« Insgesamt ein inhaltlich gutes und ansprechend gestaltetes Anschreiben, das bestimmt positive Aufmerksamkeit auf sich zieht. Ob die Bewerberin bereits hier mehr zu ihrem aktuellen Status (Arbeit suchend, aber in Fortbildung) hätte mitteilen sollen, kann kontrovers diskutiert werden. Obwohl sich die Kandidatin offensichtlich aus der Arbeitslosigkeit (bzw. Fortbildung) heraus bewirbt, hat sie eine interessante Vortragsform gefunden und umgeht auf den nachfolgenden Seiten dieses problematische Thema recht elegant.

Die grafische Gestaltung (**Deckblatt** – konsequente Fortsetzung des Briefkopfes) ist auf den folgenden Seiten sehr ansprechend gelungen, einfallsreich und gleichzeitig übersichtlich. Das fast quadratische Fotoformat ist ein echter »Hingucker«. Jetzt sehen wir mehr, und das Foto schafft es, eine freundliche, sympathische Beziehung zum Betrachter aufzubauen.

Beachten Sie auch, dass der Kopf ein wenig »angeschnitten« ist. Wir haben hier noch eine Alternative. Welche bevorzugen Sie?

Alternativbild
Vergleichen Sie dazu die Bewerbungsfotos auf ▸ **Seite 123** und ▸ **Seite 121**.

Die für den **beruflichen Werdegang** gewählte übersichtliche Präsentationsform kommt ohne die traditionelle Überschrift »Lebenslauf« aus (bravo!) und beinhaltet ein gutes Maß an Information. Die Themenabfolge »Berufserfahrung« (inklusive Weiterbildung!), dann »Schul- und Berufsausbildung« überzeugt sofort. Die besonderen Kenntnisse und Fähigkeiten werden vielleicht sogar »einen Tick« zu stark herausgestellt bzw. wiederholt. Die Abschnitte »Engagement« und »Interessen« führen sicherlich zu Nachfragen, und das unten angefügte Statement ist nicht nur außergewöhnlich, sondern auch ein guter Grund für eine Einladung. Natürlich fehlen nur hier im Buch alle weiteren »Beilagen«, die die Bewerberin mit einem (hier nicht gezeigten) Anlagenverzeichnis ankündigt.

Einschätzung
Ein sehr gutes Beispiel, an und von dem man viel lernen kann.

Lars Lehmann
Steubenstr. 5
28207 Bremen
Tel.: 0421 4568909

25. August 2017

Schlechte Version!
Abgelehnt!

Omega Deutschland GmbH
Personalabteilung
Friedenstr. 23
28207 Bremen

Ihre Anzeige in der Bremer Morgenpost vom 20.08.2017

Sehr geehrte Damen und Herren,

ich beziehe mich auf Ihre o.g. Anzeige und möchte mich als Ingenieur für die Position Leiter Qualitätsmanagement bewerben. Ich glaube, dass meine Kenntnisse und Fähigkeiten Ihren Anforderungen entsprechen können.

Nach meiner Lehre als Betriebsschlosser habe ich an der Technischen Fachhochschule Maschinenbau studiert und mich bei der Deutschen Gesellschaft für Qualitätsmanagement zum Qualitätsfachingenieur weitergebildet. Praktische Erfahrungen habe ich insbesondere durch den Aufbau eines QM-Systems und die Einleitung des Zertifizierungsverfahrens nach DIN EN ISO 9001 erworben. Meine Sprachkenntnisse in Englisch verbesserte ich ebenfalls außerhalb meines Dienstes an der Berlitz School. Sehr gute PC-Anwenderkenntnisse kann ich ebenfalls vorweisen.

In meiner derzeitigen Tätigkeit als Leiter QM habe ich gezeigt, dass ich mich eigenverantwortlich, teamorientiert und mit Engagement für die Sache der Qualität einsetzen kann. Aufgrund von konzernweiten Umstrukturierungsmaßnahmen und der Dezentralisierung des Qualitätswesens entfällt leider mein Arbeitsplatz zum 31.12.2017.

Den ausführlichen beruflichen Werdegang entnehmen Sie bitte den beigefügten Bewerbungsunterlagen. Das von Ihnen aufgeführte Aufgabengebiet interessiert mich sehr, deshalb würde ich mich über eine Einladung zu einem persönlichen Gespräch sehr freuen.

Mit freundlichen Grüßen

Anlage: Bewerbungsmappe

PS: Vom 30.08.2017 bis 10.09.2017 nehme ich an der Auditorenfortbildung der DGQ in München teil.

Lebenslauf

1 Persönliche Daten

Name:	Lars Lehmann
Anschrift:	Steubenstr. 5, 28207 Bremen
Tel.:	0421 4568909
Geboren am:	30. August 1974
Geburtsort:	Münster in Westfalen
Familienstand:	Lebensgemeinschaft mit Grundschullehrerin
Hobbys:	Schach, fernöstliche Philosophie, Tai-Chi-Chuan

2 Berufspraxis

2.1 Betriebsschlosser

Firmen: 3 verschiedene Firmen der Metallindustrie, Hannover und Berlin
Beschäftigt: von 10/1993 bis 10/2000
Aufgaben:
- Reparatur und Wartung von Werkzeugmaschinen

2.2 Gruppenleiter Qualitätssicherung

Firma: Energie GmbH, Werk Bremen
Produkte: Starterbatterien, Industriebatterien, Traktionsbatterien dryfit
Beschäftigte: 200, Führung: 20 Mitarbeiter
Beschäftigt: von 05/2006 bis 12/2011
Aufgaben:
- Wareneingangs- und Fertigungsprüfungen
- Aufbau eines Qualitätssicherungssystems
- statistische Auswertung von Messdaten
- Beschaffung von Prüf- und Messmitteln
- Erstellung von Verfahrens- und Prüfanweisungen
- Mitarbeit beim Aufbau eines QS-Systems im Werk Spanien

Schlechte Version! Abgelehnt!

2.3 Leiter Qualitätswesen

Firma: IKROM AG, Bremen
Produkte: Mechanische und elektronische Zylinderschlösser, Schließanlagen, Kastenschlösser und Schutzbeschläge
Beschäftigte: 200, Umsatz: 200 Mio.
Führung: 25 Mitarbeiter, Berichterstattung an den Vorstand
Beschäftigt: seit 01/2012
Aufgaben:
- Qualitätsplanung, Qualitätstechnik und Qualitätsberichterstattung
- Wareneingangs-, Fertigungs- und Endprüfungen
- Aufbau und Pflege eines QM-Systems nach DIN EN ISO 9001
- Vorbereitung der Zertifizierung des QM-Systems
- Durchführung von internen und externen Qualitätsaudits
- Durchführung von betriebsinternen Qualitätsschulungen
- Projektmanagement im Bereich Qualitätssicherung
- Einführung von Arbeitsgruppen zur Entwicklung des Qualitätsbewusstseins in Richtung TQM
- Mitarbeit bei Einführung von Fertigungsinseln, Lean Management und anderen Restrukturierungsmaßnahmen

3 Ausbildung

3.1 Schul- und Berufsausbildung

09/1990 bis 08/1993	Lehre als Betriebsschlosser, Fa. Mahnwald, Hannover **Abschluss:** Facharbeiter
09/1997 bis 07/2000	Fachoberschule, Hannover **Abschluss:** Fachhochschulreife
10/2000 bis 07/2005	Technische Fachhochschule (TFH), Hannover Fachrichtung Maschinenbau **Abschluss:** Diplom-Ingenieur

Schlechte Version!
Abgelehnt!

3.2 Fortbildung

11/2005 bis 05/2006	REFA-Grundausbildung für das Arbeitsstudium REFA-Landesverband Hannover e. V., Hannover **Abschluss:** REFA-Grundschein
09/2006 bis 03/2008	Lehrgang: Qualitätstechnik QII Deutsche Gesellschaft für Qualität (DGQ), München **Abschluss:** Qualitätstechniker DGQ
03/2008 bis 07/2011	Lehrgang: Qualitätsmanagement QM Deutsche Gesellschaft für Qualität (DGQ), München **Abschluss:** Qualitätsfachingenieur DGQ
06/2014	Prüfungslehrgang: DGQ-Auditor Deutsche Gesellschaft für Qualität (DGQ), München **Abschluss:** DGQ-Auditor / EOQ Quality Auditor

3.3 Weitere Kenntnisse und Fähigkeiten

seit 2008	PC-Lehrgänge zur Textverarbeitung und Tabellenkalkulation, intensive Beschäftigung mit Textverarbeitung und Tabellenkalkulation (MS Office) und weiteren Windows-Programmen, Grundkenntnisse der EDV und BASIC-Programmierung vorhanden
seit 2011	Mitglied der Deutschen Gesellschaft für Qualität (DGQ), Teilnahme an Regionalkreisveranstaltungen der DGQ, Besuch div. Seminare und Vorträge zu Themen der QS
seit 2013	Verbesserung der englischen Sprachkenntnisse bei Berlitz International Inc., Bremen

Referenzen und Arbeitsproben können bei Interesse vorgelegt werden.

4 Meine praktischen Erfahrungen und Arbeitsweisen

Schulungen zu Grundlagen und Werkzeugen der QS und Arbeitsgruppen zur Entwicklung des Qualitätsbewusstseins haben sich als wichtige Vorgehensweisen zum Aufbau und zur Weiterentwicklung eines QM-Systems gezeigt. Mit modernen Moderationstechniken wie Metaplantechnik unterstütze ich die eher theoretischen Ausführungen. Mein Ziel ist es, alle Mitarbeiter zu motivieren, sodass sie sich für die Sache der Qualität selbst verantwortlich fühlen. Aufgrund meiner Praxis spreche ich „alle Sprachen" innerhalb eines Unternehmens.

Ich vertrete die Sache der Qualität zwar fest, aber mit diplomatischem Geschick durch Überzeugung und Motivation. Meine Mitarbeiter führe ich stets zielstrebig und unter Praktizierung von Teamarbeit. Mit dem notwendigen Maß an Offenheit, Einfühlungsvermögen und Kreativität treibe ich mit aller Kraft die Weiterentwicklung des QM-Systems voran. Gerne beschäftige ich mich mit modernen Qualitätsmanagement- und Führungstechniken sowie statistischen Verfahren. Die betriebsinternen und externen Veröffentlichungen zu QS-Themen gehören dazu.

Schlechte Version!
Abgelehnt!

Bremen, 25. August 2017

XING Startseite | Jobs | Projekte | Gruppen | Events | Unternehmen | Erweiterte Suche

Andere zu XING einladen Hilfe & Kontakt Ausloggen

Premium

Lars Lehmann

Diplom-Ingenieur Maschinenbau

Leiter Qualitätswesen
IKROM AG Bremen, Deutschland
Führungskraft

12 Kontakte
24 % Aktivität

Als Kontakt hinzufügen
Nachricht schreiben
Kontaktdaten
mehr

„Schnaps ist Schnaps und Dienst ist Dienst, erst die Arbeit, dann das Vergnügen!

Eigene Notizen zu Lars Lehmann

Profildetails
Portfolio
Weitere Profile im Netz
Kontakte
Gruppen
Events
Aktivitäten

Ich biete

Qualitätsbewusstsein | Blick für das Wesentliche | Qualitätsanspruch | ausgeprägte Ausdauer

Berufserfahrung

5 Jahre 10 Monate

01/2012 – heute
Leiter Qualitätswesen
IKROM AG Bremen
www.ikrom-ag.de

Branche: Metallindustrie/-verarbeitung
Unternehmensgröße: 51 – 200 Mitarbeiter
Beschäftigungsart: Angestellter (Vollzeit)
Karrierestufe: Direktor (Bereichsleiter, VP, SVP etc)
Endlich das Ziel erreicht!

5 Jahre 8 Monate

05/2006 – 12/2011
Gruppenleiter Qualitätssicherung
Energie GmbH, Werk Bremen
www.energie-gmbh.de

Branche: Energiewirtschaft
Unternehmensgröße: 51 – 200 Mitarbeiter
Beschäftigungsart: Angestellter (Vollzeit)
Karrierestufe: Direktor (Bereichsleiter, VP, SVP etc)
Erster Aufstieg! Führung von 20 Mitarbeitern, Wareneingangsprüfung, Fertigungsprüfung, Erstellung von Verfahrens- und Prüfanweisungen

Schlechte Version! Abgelehnt!

7 Jahre

1993 – 2000
Betriebsschlosser
Meier GmbH, Müller AG, Schlosserei Fest

Branche: Metallindustrie/-verarbeitung
Unternehmensgröße: 11 – 50 Mitarbeiter
Beschäftigungsart: Angestellter (Vollzeit)
Die ersten 7 Jahre von der Pike auf

▸ Kommentar Seite 143

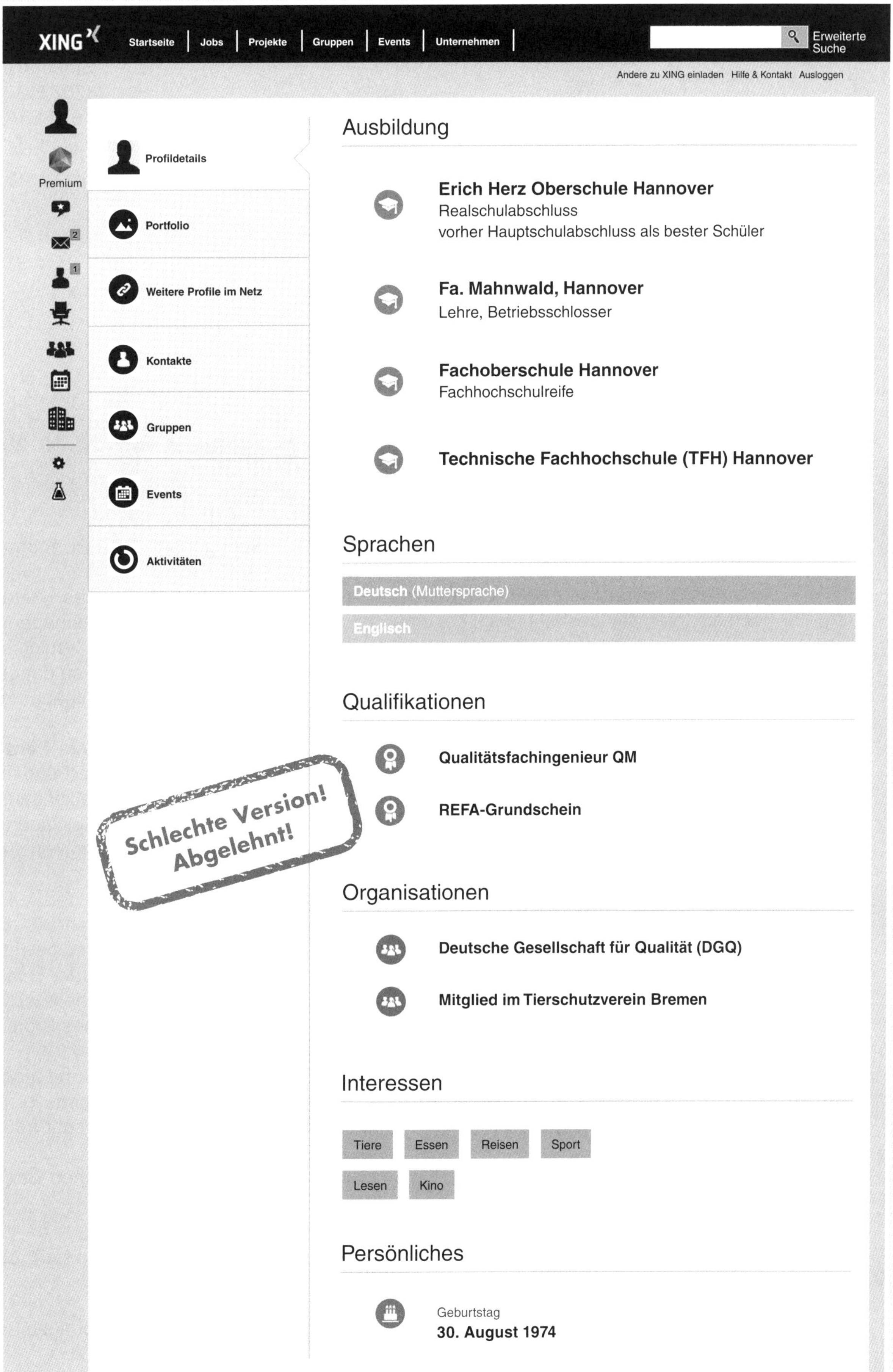

XING Startseite | Jobs | Projekte | Gruppen | Events | Unternehmen | Erweiterte Suche

Andere zu XING einladen Hilfe & Kontakt Ausloggen

Premium

Profildetails
Portfolio
Weitere Profile im Netz
Kontakte
Gruppen
Events
Aktivitäten

Schlechte Version! Abgelehnt!

Ausbildung

Erich Herz Oberschule Hannover
Realschulabschluss
vorher Hauptschulabschluss als bester Schüler

Fa. Mahnwald, Hannover
Lehre, Betriebsschlosser

Fachoberschule Hannover
Fachhochschulreife

Technische Fachhochschule (TFH) Hannover

Sprachen

Deutsch (Muttersprache)
Englisch

Qualifikationen

Qualitätsfachingenieur QM

REFA-Grundschein

Organisationen

Deutsche Gesellschaft für Qualität (DGQ)

Mitglied im Tierschutzverein Bremen

Interessen

Tiere, Essen, Reisen, Sport, Lesen, Kino

Persönliches

Geburtstag
30. August 1974

Lars Lehmann, Diplom-Ingenieur
Steubenstr. 5
28207 Bremen
Tel.: 0421 4568909, Mobil: 0176 48654835
E-Mail: llehmann@gmail.com

25. August 2017

Omega Deutschland GmbH
Personalabteilung
Frau Dr. Ehrhardt
Friedenstr. 23
28207 Bremen

Ihre Anzeige in der Bremer Morgenpost vom 20.08.2017

Sehr geehrte Frau Dr. Ehrhardt,

vielen Dank für das freundliche und informative Gespräch. Unser gestriges Telefonat hat mein Interesse bestärkt, mich bei Ihnen für die Position Leiter Qualitätsmanagement zu bewerben. Sie haben einen Arbeitsbereich beschrieben, der für mich eine besondere Herausforderung darstellt, weil es offenbar einen Rückstau an dringend zu erledigenden Aufgaben gibt.

Zu meiner Person:
Nach meiner Lehre als Betriebsschlosser habe ich Maschinenbau studiert und mich bei der Deutschen Gesellschaft für Qualitätsmanagement zum Qualitätsfachingenieur weitergebildet. Zurzeit bin ich in einem Spezialunternehmen für Schließanlagen als Leiter Qualitätsmanagement tätig.

Mein Wissen und Können im Bereich QM habe ich besonders durch den Aufbau eines QM-Systems und die Einleitung des Zertifizierungsverfahrens nach DIN EN ISO 9001 unter Beweis gestellt. In meiner täglichen Arbeit bin ich es gewohnt, mich eigenverantwortlich, teamorientiert und mit Engagement für die Sache der Qualität einzusetzen. Eine starke Leistungsmotivation, gepaart mit hoher Lernbereitschaft, runden mein berufliches wie persönliches Profil ab.

Ich wünsche mir neue herausfordernde Aufgaben im Bereich QM und möchte gern einen Beitrag zur Weiterentwicklung Ihres Unternehmens leisten. Sollte ich Ihr Interesse geweckt haben, würde ich mich über eine Einladung sehr freuen.

Mit freundlichen Grüßen

Lars Lehmann

Anlage: Bewerbungsmappe

▶ Kommentar Seite 143

Lebenslauf

1
Persönliche Daten

Lars Lehmann

Steubenstr. 5, 28207 Bremen
Tel.: 0421 4568909, Mobil: 0176 48654835
www.xing.com/profile/Lars_Lehmann
Geboren am 30. August 1974 in Münster/Westfalen
Hobbys: Schach, Tai-Chi-Chuan

Ausgewiesener Spezialist in Sachen Qualitätsmanagement

Diplom-Ingenieur Maschinenbau

Diplomatisches Geschick bei Motivations- und Überzeugungsarbeit

Soziale Kompetenz und Führungskraft

2
Berufspraxis

2.1
Leiter Qualitätswesen

Firma:
IKROM AG, Bremen

Produkte:
mechanische und elektronische Zylinderschlösser, Schließanlagen, Kastenschlösser und Schutzbeschläge

Beschäftigte:
200, Umsatz: 200 Mio.

Führung:
25 Mitarbeiter, Berichterstattung an den Vorstand

Beschäftigt:
seit 01/2012

Aufgaben:
Qualitätsplanung, Qualitätstechnik und Qualitätsberichterstattung

Wareneingangs-, Fertigungs- und Endprüfungen

Aufbau und Pflege eines QM-Systems nach DIN EN ISO 9001

Vorbereitung der Zertifizierung des QM-Systems

Durchführung von internen und externen Qualitätsaudits

Projektmanagement im Bereich Qualitätssicherung

Einführung von Arbeitsgruppen zur Entwicklung des Qualitätsbewusstseins in Richtung TQM

Mitarbeit bei Einführung von Fertigungsinseln, Lean Management und anderen Restrukturierungsmaßnahmen

2

Berufspraxis

2.2

Gruppenleiter Qualitätssicherung

Firma:
Energie GmbH, Werk Bremen

Produkte:
Starterbatterien, Industriebatterien, Traktionsbatterien dryfit

Beschäftigte:
200, Führung: 20 Mitarbeiter

Beschäftigt:
von 05/2006 bis 12/2011

Aufgaben:
Wareneingangs- und Fertigungsprüfungen

Aufbau eines Qualitätssicherungssystems

statistische Auswertung von Messdaten

Beschaffung von Prüf- und Messmitteln

Erstellung von Verfahrens- und Prüfanweisungen

Mitarbeit beim Aufbau eines QS-Systems im Werk Spanien

2.3

Betriebsschlosser

Firmen:
3 verschiedene Firmen der Metallindustrie, Hannover und Berlin

Beschäftigt:
von 10/1993 bis 10/2000

Aufgaben:
Reparatur und Wartung von Werkzeugmaschinen

3 Ausbildung

3.1 Schul- und Berufsausbildung

10/2000 bis 07/2005
Technische Fachhochschule (TFH), Hannover
Fachrichtung Maschinenbau
Abschluss: Diplom-Ingenieur

09/1997 bis 07/2000
Fachoberschule, Hannover
Abschluss: Fachhochschulreife

09/1990 bis 08/1993
Lehre als Betriebsschlosser, Fa. Mahnwald, Hannover
Abschluss: Facharbeiter

3.2 Fortbildung

06/2014
Prüfungslehrgang: DGQ-Auditor
Deutsche Gesellschaft für Qualität (DGQ), München
Abschluss: DGQ-Auditor/EOQ Quality Auditor

03/2009 bis 07/2011
Lehrgang: Qualitätsmanagement QM
Deutsche Gesellschaft für Qualität (DGQ), München
Abschluss: Qualitätsfachingenieur DGQ

09/2006 bis 03/2008
Lehrgang: Qualitätstechnik QII
Deutsche Gesellschaft für Qualität (DGQ), München
Abschluss: Qualitätstechniker DGQ

11/2005 bis 05/2006
REFA-Grundausbildung für das Arbeitsstudium REFA-Landesverband Hannover e. V., Hannover
Abschluss: REFA-Grundschein

 ▸ Kommentar Seite 143

3
Ausbildung

3.3
Weitere Kenntnisse und Fähigkeiten

seit 2013
Verbesserung der englischen Sprachkenntnisse bei Berlitz International Inc., Bremen

seit 2011
Mitglied der Deutschen Gesellschaft für Qualität (DGQ)
Teilnahme an Regionalkreisveranstaltungen der DGQ
Besuch div. Seminare und Vorträge zu Themen der QS

seit 2008
PC-Lehrgänge zu Textverarbeitung und Tabellenkalkulation
intensive Beschäftigung mit Textverarbeitung und Tabellenkalkulation (MS Office) und weiteren Windows-Programmen
Grundkenntnisse der IT und VBA/VB.NET-Programmierung vorhanden

Referenzen und Arbeitsproben können bei Interesse vorgelegt werden.

Was für mich spricht!

Meine beruflichen Leistungen

Ich bin bestens vertraut mit allen Bereichen der Qualitätsplanung, -technik und -berichterstattung,

managte Projekte im Bereich Qualitätssicherung,

erstellte und pflegte ein QM-System nach DIN EN ISO 9001,

führte interne und externe Qualitätsaudits durch,

baute ein Qualitätssicherungssystem auf,

konzipierte Verfahrens- und Prüfanweisungen,

führte betriebsinterne Qualitätsschulungen durch,

wertete statistische Messdaten erfolgreich aus.

Meine Arbeitsweise

Meine besonderen Stärken sind mein diplomatisches Geschick sowie meine Art, Mitarbeiter in Sachen QM zu motivieren und zu überzeugen.

Der Umgang und die zielorientierte Zusammenarbeit mit anderen Menschen sind für mich persönlich von großer Bedeutung.

Dabei beherrsche ich als praxiserprobter Fachingenieur alle „Register“ in der Verantwortung, die Sache der Qualität effektiv zu vertreten.

Lars Lehmann

Bremen, 25. August 2017

XING Startseite | Jobs | Projekte | Gruppen | Events | Unternehmen | Erweiterte Suche

Andere zu XING einladen Hilfe & Kontakt Ausloggen

Premium

Lars Lehmann

Diplom-Ingenieur Maschinenbau

Leiter Qualitätswesen
IKROM AG Bremen, Deutschland
Führungskraft

217 Kontakte 98 % Aktivität

Als Kontakt hinzufügen

Nachricht schreiben

Kontaktdaten

mehr

„Als praxiserprobter Fachingenieur beherrsche ich alle "Register" in der Verantwortung, die Sache der Qualität effektiv zu vertreten.

Eigene Notizen zu Lars Lehmann

- Profildetails
- Portfolio
- Weitere Profile im Netz
- Kontakte
- Gruppen
- Events
- Aktivitäten

Ich biete

Führungserfahrung im Qualitätsmanagement | Qualitätsplanung | Qualitätstechnik | Qualitätsberichterstattung | ausgeprägte Motivationsfähigkeit | diplomatisches Geschick

Berufserfahrung

5 Jahre 10 Monate

01/2012 – heute
Leiter Qualitätswesen
IKROM AG Bremen
www.ikrom-ag.de

Branche: Metallindustrie/-verarbeitung
Unternehmensgröße: 51 – 200 Mitarbeiter
Beschäftigungsart: Angestellter (Vollzeit)
Karrierestufe: Direktor (Bereichsleiter, VP, SVP etc)

Führung von 25 Mitarbeitern, Qualitätsplanung und -technik, Qualitätsberichterstattung, Wareneingangsprüfung, Fertigungs- und Endprüfungen, Messlabor, Aufbau und Pflege eines QM-Systems nach DIN EN ISO 9001, Vorbereitung der Zertifizierung, Durchführung von internen und externen Qualitätsaudits, Durchführung von betriebsinternen Qualitätsschulungen, Projektmanagement im Bereich QS, Einführung von Arbeitsgruppen zur Entwicklung des Qualitätsbewusstseins in Richtung TQM

5 Jahre 8 Monate

05/2006 – 12/2011
Gruppenleiter Qualitätssicherung
Energie GmbH, Werk Bremen
www.energie-gmbh.de

Branche: Energiewirtschaft
Unternehmensgröße: 51 – 200 Mitarbeiter
Beschäftigungsart: Angestellter (Vollzeit)
Karrierestufe: Direktor (Bereichsleiter, VP, SVP etc)

Führung von 20 Mitarbeitern, Wareneingangsprüfung, Fertigungsprüfung, Aufbau eines QS-Systems, statistische Auswertung von Messwerten, Beschaffung von Prüf- und Messmitteln, Erstellung von Verfahrens- und Prüfanweisungen, Mitarbeit beim Aufbau eines QS-Systems im Werk Spanien

7 Jahre 1 Monat

10/1993 – 10/2000
Betriebsschlosser
Meier GmbH, Müller AG, Schlosserei Fest

Branche: Metallindustrie/-verarbeitung
Unternehmensgröße: 11 – 50 Mitarbeiter
Beschäftigungsart: Angestellter (Vollzeit)

Reparatur und Wartung von Werkzeugmaschinen

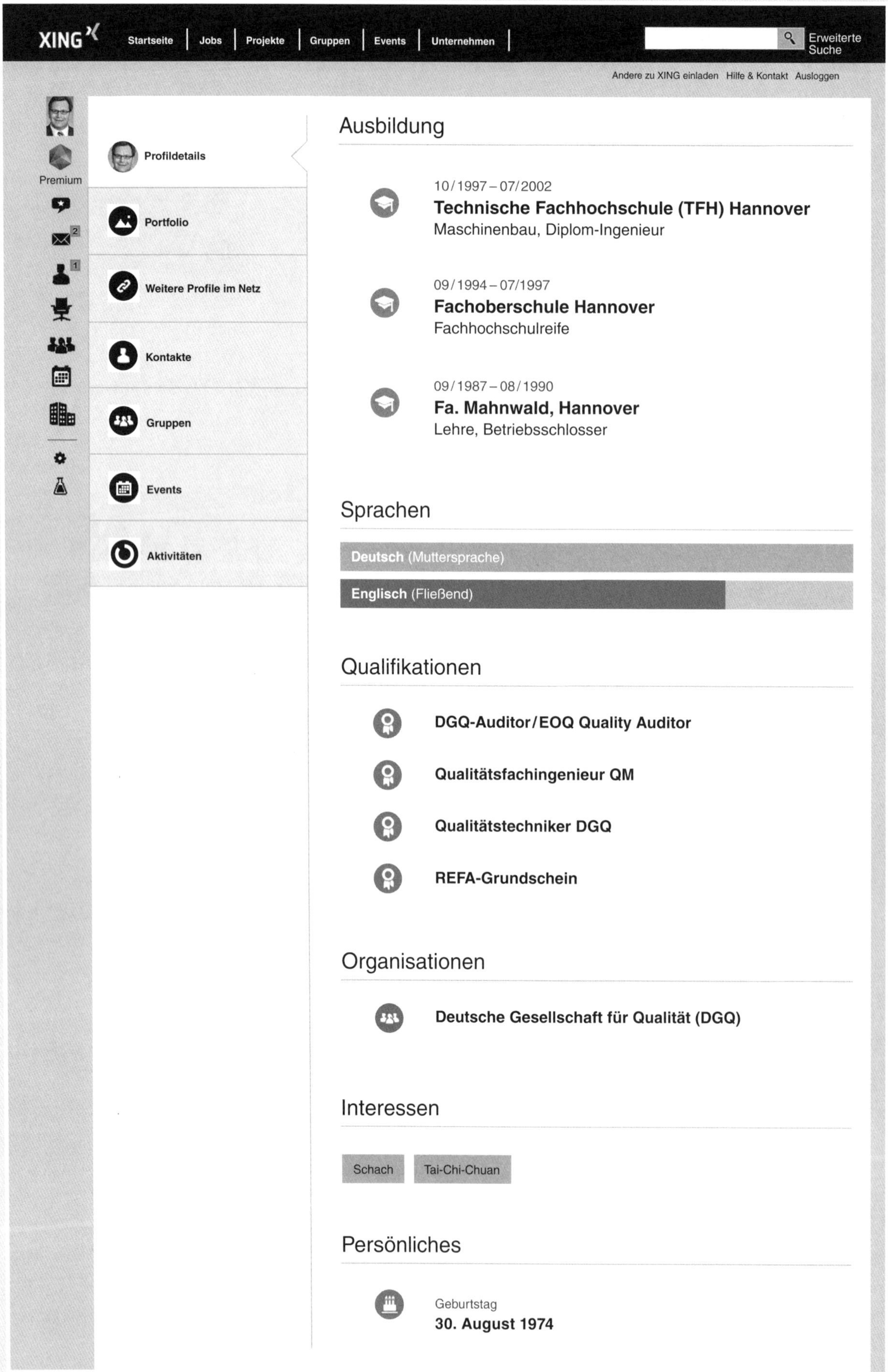

XING
Startseite
Jobs
Projekte
Gruppen
Events
Unternehmen
Erweiterte Suche
Andere zu XING einladen
Hilfe & Kontakt
Ausloggen
Premium
Profildetails
Portfolio
Weitere Profile im Netz
Kontakte
Gruppen
Events
Aktivitäten
Ausbildung
10/1997 – 07/2002
Technische Fachhochschule (TFH) Hannover
Maschinenbau, Diplom-Ingenieur
09/1994 – 07/1997
Fachoberschule Hannover
Fachhochschulreife
09/1987 – 08/1990
Fa. Mahnwald, Hannover
Lehre, Betriebsschlosser
Sprachen
Deutsch (Muttersprache)
Englisch (Fließend)
Qualifikationen
DGQ-Auditor/EOQ Quality Auditor
Qualitätsfachingenieur QM
Qualitätstechniker DGQ
REFA-Grundschein
Organisationen
Deutsche Gesellschaft für Qualität (DGQ)
Interessen
Schach
Tai-Chi-Chuan
Persönliches
Geburtstag
30. August 1974

Zu den Unterlagen von Lars Lehmann, Leiter Qualitätsmanagement

1. Version

Ein sehr schlicht gestaltetes **Anschreiben** an die »Sehr geehrten Damen und Herren« ohne präzisen Anzeigenbezug in der Betreffzeile ist ein schlechter Auftakt. Mit einem »Glaubensbekenntnis« und einem nicht überzeugend getexteten zweiten Absatz geht es weiter. Sprachlich ungeschickt formuliert der Bewerber, PC-Anwenderkenntnisse »ebenfalls vorweisen« zu können.

Weiter geht es mit einem verunglückten Lebenslauf-**Deckblatt**. Das viel zu große Foto, zeigt einen Menschen, der unglücklich oder schlecht gelaunt wirkt. Das lässt beim Betrachter kein Vertrauen und schon gar kein Zutrauen zum Kandidaten aufkommen. Das Gliederungssystem im **Lebenslauf** wirkt altmodisch und unelegant, selbst wenn die Funktion sinnvoll ist. Schon auf der ersten Seite langweilt die Form mit Name, Anschrift, Telefonnummer etc. Der zweite Abschnitt präsentiert die beruflichen Stationen unvorteilhaft in chronologischer Reihenfolge. Immerhin werden hier die Hauptaufgaben genannt. Ebenso wird beim Punkt »Ausbildung« verfahren.

Mit dem Versuch einer **Dritten Seite**, die stilistisch an das Anschreiben erinnert, kann Lars Lehmann hier absolut nicht überzeugen.

Im Anschluss an diese Bewerbung schauen wir uns gleich noch das **XING-Profil** an, ohne das kaum eine Führungskraft auskommt. Hier in der ersten Version leider ohne Profilfoto. Das von Lars Lehmann gewählte Motto ist leider völlig unangemessen: Mit so einem Spruch vertreibt man jeden Profil-Besucher.

Lars Lehmann bietet hier wenig beruflich Relevantes und hinterlässt den Eindruck, er wisse nicht, worauf es in seinem Fach wirklich ankommt. Den Unterschied erkennen Sie, wenn Sie sich die verbesserte Version des Profils ansehen. Diese Darstellung eines beruflichen Werdegangs ist für ein Profil in einer Business-Community völlig ungeeignet. Hier muss schnell und auf den Punkt informiert werden. Die von ihm getexteten Kommentare bei jeder Station sind höchst unglücklich. Auch der in der Rubrik »Ausbildung« als Erstes präsentierte Hauptschulabschluss als »Bester« ist hier fehl am Platz. Der Kandidat schien die Funktion seines XING-Profils nicht mehr präsent zu haben, als er seine Mitgliedschaft im Tierschutzverein unter »Organisationen« eingetragen hat. Auch seine sechs Interessenfelder könnten nicht schlechter ausgewählt sein.

Insgesamt vermittelt der Kandidat auch hier mit seinem Profil ein unglückliches Bild von sich. Wie man es besser macht, sehen Sie in der überarbeiteten Version ab Seite 134.

2. Version

Ein außergewöhnliches **Anschreiben**-Design und ein besserer Text erwecken sofort die Aufmerksamkeit des Lesers. Die Rechtsbündigkeit trifft sicher nicht jeden Geschmack, ist aber ein starker Blickfang!

Das **Deckblatt**, kombiniert mit den persönlichen Daten, wirkt frisch und zeigt uns ein sympathisches Foto in angemessenem Format. Diese Präsentationsform ist schnell zu überblicken und damit gut lesbar.

Der **Lebenslauf** präsentiert sich jetzt in der amerikanischen Form, vom Aktuellen zur Vergangenheit – mittlerweile ist diese Form der Standard. Wirklich außergewöhnlich ist die konsequente Fortsetzung der rechtsbündigen Ausrichtung, die mit dem Anschreiben begann und das besondere Layout der gesamten Bewerbung prägt. So gelingt es diesem Kandidaten, sich mit seinen Unterlagen von anderen Bewerbern deutlich zu unterscheiden. Sicher ist das Layout einer Bewerbung immer auch Geschmackssache, mit diesem Design macht der Bewerber jedoch nichts falsch.

Die **Dritte Seite** ist jetzt prägnant getextet und erfüllt ihren Zweck. Alle drei Überschriften sind gut gewählt.

Und auch in seinem überarbeiteten **XING-Profil** präsentiert sich der Kandidat jetzt schon sehr viel sympathischer und vorteilhafter. Darauf kommt es an! Das freundliche Profilfoto, der interessante Spruch und die interessanten Keywords in der Rubrik »Ich biete« vermitteln einen deutlich positiveren Eindruck. Die Tätigkeitsfelder bei seinen Berufsstationen beschreibt Lars Lehman jetzt genau und unterlässt die unpassenden Kommentare zu jeder Station. Auch die Ausbildungsdaten sind aufgeräumt, der »stolze Hauptschulabschluss« entfernt ebenso wie die Mitgliedschaft im Tierschutzverein. Dafür sind zwei neue und etwas konkretere Hobbys bzw. Interessen genannt, die in diesem beruflichen Zusammenhang weitaus überzeugender (Geist und Körper) wirken. Insgesamt ein sehr viel besser gestalteter Auftritt für eine Business-Community.

Einschätzung

Eine außergewöhnlich attraktive Bewerbung mit hohem Aufmerksamkeitswert. Sehr gut!

Unsere **Leseempfehlungen**

Training Vorstellungsgespräch

Hesse/Schrader

Vorbereitung
Fragen und Antworten
Körpersprache und Rhetorik

Wer richtig trainiert, kann besser überzeugen.
Im Vorstellungsgespräch müssen Sie Ihren künftigen Arbeitgeber von Ihrer Kompetenz, Ihrer Leistungsmotivation und Ihrer Persönlichkeit überzeugen. Die Bewerbungsprofis Hesse/Schrader zeigen, wie Sie sich mit allen wichtigen Fragen und Antwortstrategien aus den verschiedenen Gesprächsphasen optimal vorbereiten. Die perfekte Selbstpräsentation können Sie trainieren!

Die wichtigsten Features auf der CD-ROM:

- ▹ die 100 häufigsten Fragen
- ▹ Hesse/Schrader-Videos
- ▹ Lerntests, Audiobeispiele, Rhetorikübungen
- ▹ umfangreiche Hintergrundinformationen

134 Seiten, 21 x 29,7 cm, Broschur, mit CD-ROM
Best.-Nr. E10065 **€ 17,95 (D) / € 18,50 (A)**

Neue Formen der Bewerbung

Hesse / Schrader

Innovative Strategien
Herausragende Gestaltungsideen
Netzwerke erfolgreich nutzen

Kann man mit einer besonders ungewöhnlichen Bewerbung erfolgreich sein?
Ja – sofern man authentisch bleibt, die Unterlagen auf die „Branche" abstimmt und sich positiv von den Mitbewerbern abhebt. Denn egal ob man die klassische schriftliche Bewerbung oder die digitale Variante wählt oder gleich auf die persönliche Kontaktaufnahme setzt: Entscheidend ist die Idee, die die Bewerbung unverwechselbar macht. Kompetent und praxisnah zeigen die Bewerbungsprofis Hesse/Schrader, wie man das Interesse des Personalchefs weckt.

Die zentralen Themen:

- ▹ Innovativ: Blog und Bewerbungsvideo
- ▹ Social Networks: Xing, Facebook & Co.
- ▹ Kreativ: Plakat, Profilcard, Steckbrief
- ▹ Vernetzt: Recruiting-Messen und Visitenkarten-Partys

168 Seiten, 19,5 x 19,5 cm, Broschur
Best.-Nr. E10481 **€ 16,95 (D) / € 17,50 (A)**

26-BK-R07

Bestellungen bitte direkt an:
STARK Verlag · Postfach 1852 · D-85318 Freising · info@berufundkarriere.de
Telefon 08167 9573-0 · Fax 0811 6000499-191 · www.berufundkarriere.de

STARK